Jörg Roth

Prüfungstrainer Rechnernetze

Jörg Roth

Prüfungstrainer Rechnernetze

Aufgaben und Lösungen

STUDIUM

Bibliografische Information der Deutschen Nationalbibliothek
Die Deutsche Nationalbibliothek verzeichnet diese Publikation in der
Deutschen Nationalbibliografie; detaillierte bibliografische Daten sind im Internet über
<http://dnb.d-nb.de> abrufbar.

Höchste inhaltliche und technische Qualität unserer Produkte ist unser Ziel. Bei der Produktion und Auslieferung unserer Bücher wollen wir die Umwelt schonen: Dieses Buch ist auf säurefreiem und chlorfrei gebleichtem Papier gedruckt. Die Einschweißfolie besteht aus Polyäthylen und damit aus organischen Grundstoffen, die weder bei der Herstellung noch bei der Verbrennung Schadstoffe freisetzen.

1. Auflage 2010

Lektorat: Christel Roß | Maren Mithöfer

Vieweg+Teubner ist Teil der Fachverlagsgruppe Springer Science+Business Media.
www.viewegteubner.de

Umschlaggestaltung: KünkelLopka Medienentwicklung, Heidelberg

Gedruckt auf säurefreiem und chlorfrei gebleichtem Papier.

ISBN 978-3-8348-0925-4

Vorwort

Kaum ein Themengebiet der Informationstechnologie ist so vielschichtig und gleichzeitig ständigen Innovationen unterworfen wie das Gebiet der Rechnernetze. Sie haben in ihrer vielfältigen Erscheinungsform unser Leben in den letzten Jahren sehr stark beeinflusst – erkennbar beispielsweise an einem hohen Anteil vernetzter Haushalte, dem explosionsartigen Anstieg von Web-Angeboten und -Diensten oder der beginnenden Verdrängung der Briefpost durch die E-Mail. Fast jede Dienstleistung bei der Handhabung großer Informationsmengen benötigt heute in irgendeiner Form Rechnernetze.

Mittlerweile haben Lehrveranstaltungen über Rechnernetze einen festen Platz in den Studienplänen verschiedener Studienrichtungen gefunden. Die Vielschichtigkeit und das große Innovationspotential machen es allerdings für Studenten zunehmend schwierig, sich die Stofffülle anzueignen. In vielen der ein- oder zweisemestrigen Veranstaltungen werden die Facetten aller Kommunikationsschichten angesprochen – häufig von der Bitübertragung bis hin zu den höheren, anwendungsorientierten Schichten. Es gibt zwar mittlerweile eine Fülle von Fachbüchern zu diesen Themen, allerdings nicht mit der Zielsetzung einer Prüfungsvorbereitung. Einschlägige Fachbücher haben nicht selten einen Umfang von 900 Seiten – häufig "erschlagen" sie fast den Leser. Deshalb hatte ich schon seit einiger Zeit den Wunsch, nicht noch ein weiteres Fachbuch zu diesem Thema zu verfassen, sondern ein Buch zu schreiben, das gezielt für die Prüfungsvorbereitung genutzt werden kann.

Die folgenden mehr als 70 Aufgaben stammen aus einer Aufgabensammlung über Rechnernetze, die über viele Jahre aus meinen Lehrveranstaltungen an der Fernuniversität Hagen, an der Universität Dortmund sowie an der Ohm-Hochschule Nürnberg entstanden ist. Die Aufgaben wurden dabei vorwiegend für die Übungsstunden eingesetzt – es finden sich aber auch einige Klausuraufgaben darunter. Dieses Buch versteht sich dabei nicht als eigenständiges Fachbuch, sondern sollte begleitend zu einer Vorlesung oder zur Lektüre eines Fachbuches verwendet werden. Es richtet sich an Studenten der Informatik, Elektrotechnik oder angrenzender Fächer. Dozenten können dieses Buch darüber hinaus verwenden, um ihren eigenen Stamm an Übungsaufgaben zu erweitern.

Die Aufgaben behandeln Aspekte der unterschiedlichen Schichten. Neben den klassischen Kommunikationsschichten Bitübertragung, Sicherung, Vermittlung und Transport, befassen sich zwei Kapitel speziell mit den Protokollen des Internets. Darüber hinaus werden die Themen Sicherheit sowie Peer-to-Peer-Netze behandelt. Auf höheren Schichten geht das Buch auf die Übertragung von strukturierten Daten sowie auf die Entwicklung verteilter Systeme beispielsweise mit Webservices ein. Damit bildet das Buch einen Querschnitt durch aktuelle Themen der Rechnernetze.

Wird das Buch begleitend zu einer Vorlesung oder der Lektüre eines Fachbuchs genutzt, sind viele Aufgaben selbsterklärend und können ohne weitere Recherche gelöst werden. Ist für eine Aufgabe Spezialwissen erforderlich, wird dieses am Anfang einer Aufgabe bereitgestellt. Die Lösung jeder Aufgabe befindet sich in der zweiten Hälfte des Buches.

Ich hoffe, dass es mir mit diesem Buch gelungen ist, ihnen die faszinierende Welt der Rechnernetze näherzubringen, insbesondere im Hinblick auf eine bevorstehende Prüfung. Anregung, Kritik oder Korrekturen sind jederzeit willkommen. Bitte richten Sie ihre Nachricht direkt an Joerg.Roth@Ohm-Hochschule.de.

Nürnberg, November 2009 Jörg Roth

Inhaltsverzeichnis

1 Allgemeines und Überblick über Rechnernetze

In diesem ersten Kapitel werden allgemeine Fragen rund um Rechnernetze behandelt. Damit wir besser von den konkreten Netzwerktechnologien abstrahieren können, werden auch Kommunikationssysteme außerhalb der Rechnerwelt, beispielsweise ein historischer optischer Telegraf, zur Veranschaulichung herangezogen. Wir betrachten darüber hinaus Fragestellungen der verschiedenen Kommunikationsschichten.

Aufgabe 1 – Allgemeines über Netzwerke

a) Nennen Sie möglichst viele physikalische Medien, um Rechner miteinander zu verbinden.

b) Nennen Sie möglichst viele Computer-Anwendungen aus ihrem täglichen Leben, die eine Netzwerkverbindung erfordern.

c) Stellen Sie möglichst viele Netzwerk-Technologien auf unterschiedlichen Schichten zusammen. Versuchen Sie, diese zu Gruppen zusammenzufassen.

d) Warum kann man nicht einfach alle Rechner weltweit über ein einzelnes Medium miteinander verbinden?

e) Welche Geräte kennen Sie, die im Rahmen von Computer-Netzwerken eingesetzt werden?

(Lösung auf Seite 73)

Aufgabe 2 – Netzwerkfunktionen

a) Eine Netzwerkverbindung zwischen Rechnern muss viele verschiedene Funktionen ausführen. Versuchen Sie, möglichst viele zusammenzustellen.

b) Stellen Sie dar, wie diese Funktionen auf "Datenübertragungen" bei folgenden Alltagsbeispielen ausgeführt werden. In diesen Beispielen werden nicht immer alle oben genannte Funktionen benötigt.

- Versenden von Briefen
- Versenden von Rauchzeichen
- Gleichzeitige Unterhaltungen auf einer Party

(Lösung auf Seite 75)

Aufgabe 3 – Der optische Telegraf

Einführende Erklärungen

Eine der ältesten größeren Datenverbindungen in Deutschland war die optische Telegrafenlinie Berlin-Koblenz (1823-1849). Obwohl uns diese Art der Datenübertragung mittlerweile sehr antiquiert vorkommen dürfte, gibt es dennoch einige Parallelen zu heutigen Netzwerken. Die Eigenschaften der Telegrafenlinie:

- Es gab 61 Stationen im Abstand von ca. 10 km, die eine Kette bildeten.
- Jede Station war im Sichtkontakt zu den beiden Nachbarstationen.
- Pro Station standen 6 Flügel mit je 4 Positionen zur Kodierung zur Verfügung.

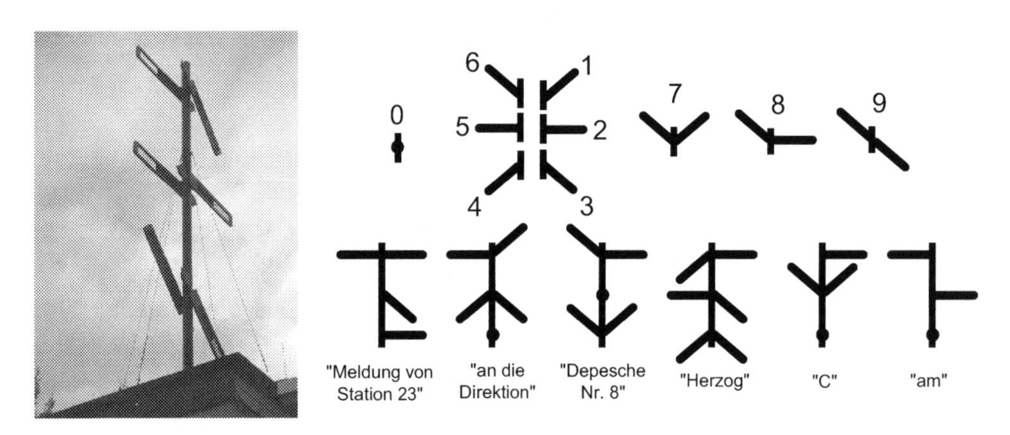

Abbildung 1: Historischer optischer Telegraf

Die dargestellten Kombinationen erlauben z.B. die Darstellung der Ziffern 0-9 mit einem Flügelpaar. Für alle mögliche Kombinationen (auch solche, die keine Einzelziffer beschreiben), gab es eine bestimmte Bedeutung, die aber nur den Telegrafen-Beamten der Endpunkte bekannt war.

Aufgabe

a) Angenommen, man kann alle 10 s eine neue Flügeleinstellung vornehmen. Wie viele Bits pro Sekunde können übertragen werden?

b) Angenommen, jede Station benötigt 1 min für die Weiterleitung. Wie groß ist die Ende-zu-Ende-Verzögerung?

c) Wie wurden die in Aufgabe 2 (Seite 1) gefundenen Funktionen realisiert?

(Lösung auf Seite 75)

Aufgabe 4 – Broadcast-Systeme

Die Datenübertragung kann auch in einer Richtung erfolgen. Broadcast-Systeme versenden unidirektional Daten an eine große Menge von Empfängern, ohne dass diese auf Transmissionen antworten können.

a) Zählen Sie möglichst viele Systeme auf, die nach diesem Prinzip arbeiten.

b) Welche Funktion ist bei Broadcast-Systemen, welche bei herkömmlichen Netzwerken einfacher.

(Lösung auf Seite 77)

Aufgabe 5 – Drahtlose Netzwerke

a) Tragen Sie möglichst viele Unterschiede zwischen kabelbasierten und drahtlosen Netzwerken zusammen.

b) Tragen Sie möglichst viele Unterschiede zwischen der Infrarot- und Funk-Übertragung zusammen.

(Lösung auf Seite 77)

Aufgabe 6 – Referenzmodelle

Beantworten Sie die folgenden Fragen stichwortartig:

a) Nennen Sie die sieben Schichten des OSI-Referenzmodells.

b) Nennen Sie Beispiele dafür, was durch die Bitübertragungsschicht festgelegt wird.

c) In der Sicherungsschicht des OSI-Referenzmodells: Auf welche *prinzipielle* Arten können Übertragungen gesichert werden?

d) Welche OSI-Schichten werden von IEEE 802 abgedeckt?

e) Wie werden die Schichten von IEEE 802 genannt?

f) Welche Schichten umfasst das TCP/IP-Referenzmodell?

g) Nennen Sie drei Internetprotokolle der Anwendungsschicht.

h) Nennen Sie Beispiele für die unterschiedlichen Adressen auf den vier Schichten des Internets.

(Lösung auf Seite 78)

Aufgabe 7 – Netzwerkschichten

Ordnen Sie die Begriffe in der ersten Spalte der folgenden Tabelle den richtigen Kommunikationsschichten (Spalten 2-6) zu. In einigen Fällen kann ein Begriff mehreren Schichten zugeordnet werden. Als Schichten stehen die OSI-Schichten Bitübertragungsschicht, Sicherungsschicht, Vermittlungsschicht, Transportschicht und die Anwendungsschicht des TCP/IP-Referenzmodells zur Verfügung.

Tabelle 1: Netzwerkfunktionen und Kommunikationsschichten

Begriff	Bitübertragungsschicht	Sicherungsschicht	Vermittlungsschicht	Transportschicht	Anwendungsschicht
TCP					
IP					
Modulation					
Infrarotlicht					
Routing					
Ping					
WLAN 802.11					
SMTP					
Network-Layer (TCP/IP-Referenzmodell)					
Lichtwellenleiter					
Sentinel-Methode					
Sliding Window					
CSMA/CD					
Login/Logout					
Portnummern					

(Lösung auf Seite 79)

2 Signale und Kodierung

Daten müssen für die Übertragung zwischen direkt-verbundenen Rechnern geeignet kodiert und durch Signalverläufe dargestellt werden. Durch eine geeignete Darstellung kann man neben der Datenrate auch beeinflussen, wie der Takt zwischen Empfänger und Sender synchronisiert werden kann. In Rahmenstrukturen nehmen schließlich Prüfsummen zur Fehlererkennung eine besondere Rolle ein.

Aufgabe 8 – Bandbreiten

Einführende Erklärungen

Um die maximale Bandbreite für Übertragungskanäle zu berechnen gibt es zwei Formeln. Für einen *ungestörten Übertragungskanal* mit Bandbreite B (der *Nyquist-Frequenz*), der L diskrete Signalstufen darstellen kann, ergibt sich die maximale Datenrate D_{max} wie folgt:

$$D_{max} = 2 \cdot B \cdot \log_2(L)$$

Das *Shannon-Hartley-Gesetz* behandelt einen durch Rauschen *gestörten* Übertragungskanal. Hier gilt:

$$D_{max} = B \cdot \log_2(1 + \frac{S}{N})$$

S/N ist dabei der *Signal-Rauschabstand* (*Signal-Noise-Ratio*, SNR), der typischerweise in dB angegeben wird. Hierbei gilt:

$$SNR[dB] = 10 \cdot \log_{10}(\frac{S}{N})$$

Aufgabe

a) Wie viele Bit/s kann man maximal über einen ungestörten Übertragungskanal mit Bandbreite 1000 Hz und 6 Signalstufen übertragen?

b) Die 6 Signalstufen lassen nicht auf einfache Weise auf eine ganze Zahl von Bits abbilden (für 2 Bits benötigt man 4, für 3 Bits 8 Signalstufen). Wie kommt man dennoch möglichst nahe an die theoretische Obergrenze der maximalen Datenrate laut der Formel heran? Beschreiben Sie die Idee für eine konkrete Kodierung.

c) Wie viele Signalstufen benötigt man bei ungestörtem Kanal und 1000 Hz für eine Datenrate von 10000 Bit/s?

d) Ein Übertragungskanal mit Bandbreite 1000 Hz habe jetzt einen Signal-Rausch-Abstand von 25 dB. Wie hoch ist die maximale Datenrate?

e) Welches Signal-Rausch-Verhältnis muss ein gestörter Übertragungskanal einhalten, damit bei einer Bandbreite von 1000 Hz eine Datenrate von 5000 Bit/s erreicht werden kann?

(Lösung auf Seite 79)

Aufgabe 9 – Begriffe

Beantworten Sie die folgenden Fragen stichwortartig:

a) Nennen Sie die Hauptkategorien von Modulationsverfahren.

b) Erklären Sie die Betriebsweisen *synchron* und *asynchron*.

c) Erklären Sie die Betriebsweisen *simplex, halbduplex* und *vollduplex*.

d) Welche fünf Hauptprobleme müssen zur Sicherung von Daten auf der Sicherungsschicht gelöst werden?

(Lösung auf Seite 81)

Aufgabe 10 – Kodierung von Bitfolgen (1)

Einführende Erklärungen

Zur Kodierung von Bits über Signalpegel gibt es verschiedene Verfahren, z.B.

- *Non-Return to Zero* (*NRZ*): 0-Bit: low, 1-Bit: high;
- *Non-Return to Zero Inverted* (*NRZI*): 0-Bit: Halten des letzten Signalpegels, 1-Bit: Wechsel des Signals (high → low oder umgekehrt, in der Taktmitte);
- *Manchester*: 0-Bit: Wechsel von low → high, 1-Bit: Wechsel von high → low (jeweils in der Takt-Mitte).

Dieser Kodierungen unterscheiden sich im Umgang mit langen 0- oder 1-Ketten. Ohne zusätzliches Taktsignal kann sich ein Empfänger nur durch einen Signalwechsel mit dem Sendertakt synchronisieren. Während bei NRZ sowohl lange 0- als auch 1-Ketten problematisch sind, erzwingt NRZI zumindest bei 1-Ketten einen ständigen Wechsel. Bei Manchester wird schließlich in jedem Takt mindestens einmal gewechselt, so dass sich der Empfänger ständig synchronisieren kann.

Aufgabe

Kodieren Sie die Bitfolge `0010 1001 0100 1110`

a) mit NRZ, b) mit NRZI, c) mit Manchester.

Stellen Sie jeweils den Signalverlauf grafisch dar.

(Lösung auf Seite 81)

Aufgabe 11 – Kodierung von Bitfolgen (2)

Einführende Erklärungen

Die *4B/5B-Kodierung* bildet 4 Datenbits auf 5 Code-Bits ab, die mit NRZI übertragen werden. Die Abbildung der Daten auf Codes wird folgendermaßen durchgeführt. Durch diese Kombination werden sowohl lange 0- als auch 1-Ketten vermieden.

Tabelle 2: 4b/5B-Kodierung

Daten	Code	Daten	Code	Daten	Code	Daten	Code
0000	11110	0100	01010	1000	10010	1100	11010
0001	01001	0101	01011	1001	10011	1101	11011
0010	10100	0110	01110	1010	10110	1110	11100
0011	10101	0111	01111	1011	10111	1111	11101

Aufgabe

a) Kodieren Sie die Bitfolgen mit 4B/5B und NRZI und stellen Sie den Signalverlauf dar.

- `0010 1111 0001`
- `1101 0000 1001`

b) Sie erhalten folgende Signalverläufe, die mit NRZI/4B5B kodiert wurden. Wie lauten die Nutzdaten?

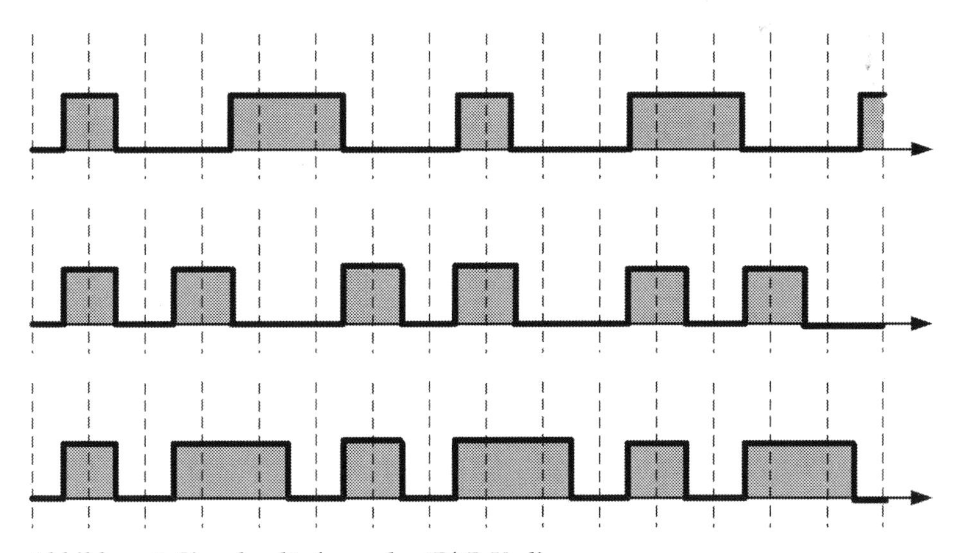

Abbildung 2: Signalverläufe vor der 4B/5B-Kodierung

(Lösung auf Seite 82)

Aufgabe 12 – Sentinel-Zeichen

Einführende Erklärungen

Ein älteres zeichenorientiertes Rahmen-Protokoll ist *BISYNC*. BISYNC-Rahmen sind wie folgt aufgebaut:

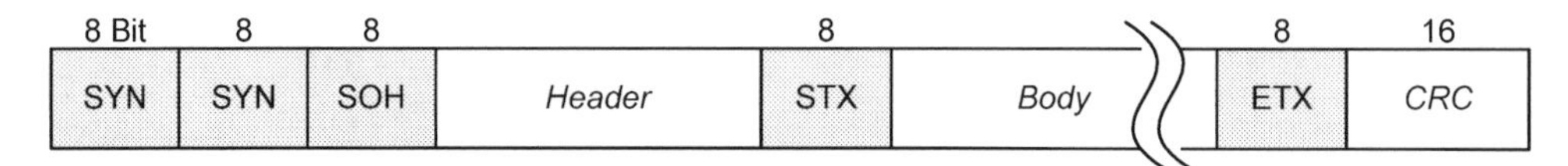

Abbildung 3: Aufbau eines BISYNC-Rahmens

Die Struktur eines Rahmens wird durch so genannte *Sentinel-Zeichen* vorgegeben. Für die BISYNC-Sentinel-Zeichen gilt folgende Festlegung:

Tabelle 3: BISYNC-Sentinel-Zeichen

Sentinel-Zeichen	Hex-Wert
SOH	01
STX	02
ETX	03
DLE	10
SYN	16

Sentinel-Zeichen im Nutzdaten-Teil werden durch das DLE–Zeichen vor der Interpretation geschützt (*Zeichenstopfen*).

Aufgabe

Sie erhalten folgende BISYNC-Rahmen (hexadezimal dargestellt). Wie lauten die Nutzdaten im Body-Teil?

a) 16 16 01 99 98 97 96 95 02 A1 A2 A3 A4 A5 03 A0 B7

b) 16 16 01 99 98 97 96 95 02 01 02 10 03 04 05 03 76 35

c) 16 16 01 99 98 97 96 95 02 10 03 10 10 10 03 03 92 55

(Lösung auf Seite 83)

Aufgabe 13 – Die Zyklische Blocksicherung (1)

Einführende Erklärungen

Die Prüfsummenberechnung mittels *zyklischer Blocksicherung* (*Cyclic Redundancy Check*, CRC) funktioniert wie folgt:

- Man interpretiert die Nutzdatenbits als Koeffizienten eines binären Polynoms I(x), genannt das *Informationspolynom*.
- Man definiert ein *Generatorpolynom* G(x) vom Grad k. Dieses ist Sender und Empfänger bekannt. Es haben sich bestimmte Generatorpolynome etabliert:

Tabelle 4: Übersicht über etablierte CRC-Generatorpolynome

Name	Generatorpolynom
CRC-8 (ATM HEC)	$x^8+x^2+x^1+1$
CRC-10	$x^{10}+x^9+x^5+x^4+x+1$
CRC-12	$x^{12}+x^{11}+x^3+x^2+x+1$
CRC-16	$x^{16}+x^{15}+x^2+1$
CRC-CCITT	$x^{16}+x^{12}+x^5+1$
CRC-32	$x^{32}+x^{26}+x^{23}+x^{22}+x^{16}+x^{12}+x^{11}+x^{10}+x^8+x^7+x^5+x^4+x^2+x+1$

- Man teilt $I(x) \cdot x^k$ durch das Generatorpolynom (mod 2) und erhält ein Restpolynom R(x) gemäß dem Zusammenhang

$$I(x) \cdot x^k = P(x) \cdot G(x) + R(x)$$

- Das Restpolynom R(x) ist die zu übertragende Prüfsumme. Darüber hinaus ist das *Codepolynom* $C(x) = I(x) \cdot x^k + R(x)$ ohne Rest durch das Generatorpolynom teilbar. Hierdurch erhält man eine Testmöglichkeit, ob eine Übertragung fehlerfrei war.

Aufgabe

a) Berechnen Sie zur Bitfolge `111` die CRC-Prüfsumme mit dem Generatorpolynom CRC-8.

b) Berechnen Sie zur Bitfolge `11011` die CRC-Prüfsumme mit dem Generatorpolynom CRC-16.

c) Sie erhalten eine Nachricht mit Prüfsumme durch die Bitfolge `1110111110` (das entspricht dem Codepolynom). Ist sie korrekt übertragen worden, wenn das Generatorpolynom x^3+x^2+1 lautete?

(Lösung auf Seite 84)

Aufgabe 14 – Die Zyklische Blocksicherung (2)

a) Konstruieren Sie eine Schaltung bestehend aus D-Flipflops und XOR-Gattern, die die CRC-Prüfsumme mit dem Generatorpolynom x^3+x^2+1 berechnet. Zeigen Sie schrittweise die Überprüfung des Codepolynoms 1110111110. Vergleichen Sie das Ergebnis mit dem von Aufgabe 13 Teil c (Seite 85).

b) Verwenden Sie die Schaltung, um die CRC-Prüfsumme zu 110101 zu berechnen.

(Lösung auf Seite 86)

Aufgabe 15 – Die Parität (1)

Ein Paritätsbit wird so gesetzt, dass die Anzahl der Bits in einem Block *gerade* (*even parity*) oder *ungerade* (*odd parity*) ist. Sichert man eine Matrix von Bits sowohl reihen- als auch spaltenweise, spricht man von der *zweidimensionalen Parität*.

Sichern Sie die folgenden Reihen von 7-Bit-Blöcken durch eine zweidimensionale Parität. Die Reihen sind hexadezimal dargestellt, wobei das höchstwertige Bit jeweils 0 lautet. Geben Sie die abgesicherte Reihe von Hex-Zahlen an – setzen Sie dazu das höchstwertige Bit gemäß der Parität und berechnen Sie zusätzlich die Gesamt-Parität. Es soll die *gerade* Parität verwendet werden.

a) 2C 0E 5A 1A   b) 00 1C 76 38

(Lösung auf Seite 89)

Aufgabe 16 – Die Parität (2)

a) Zeigen Sie, dass man mit der zweidimensionalen Parität 1-, 2- und 3-Bit-Fehler sicher erkennen kann.

b) Unter welchen Umständen werden 4-Bit-Fehler nicht erkannt?

(Lösung auf Seite 89)

3 Übertragung von Rahmen

In diesem Kapitel steht der Transport von Rahmen zwischen Rechnern im Mittelpunkt. Als wichtige Methode zur Durchsatzsteigerung auf der Sicherungsschicht wird das Sliding-Window-Verfahren betrachtet. Sollen Rahmen über mehrere Netzwerksegmente hinweg transportiert werden, setzt man Bridges ein – diese erweitern die Reichweite eines Mediums, ohne die Sicherungsschicht zu verlassen.

Aufgabe 17 – Sliding Window (1)

Einführende Erklärungen

Beim *Sliding-Window-Verfahren* werden mehrere Rahmen in einem Sendefenster ausgesendet, bevor die erste Bestätigung erwartet wird. Bei Eintreffen einer Bestätigung wird das Sendefenster verschoben und der Sender kann weitere Rahmen aussenden. Die Größe des Sendefensters wird *Send Window Size* (SWS) genannt.

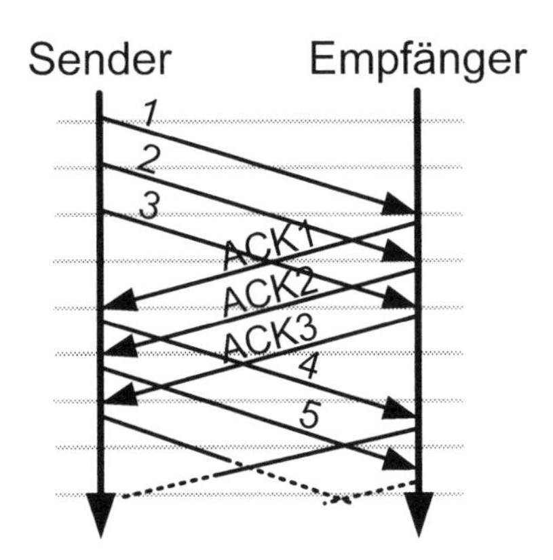

Abbildung 4: Raumzeit-Diagramm für ein Sliding-Window-Verfahren (SWS = 3)

Auf Empfängerseite wird ein Empfangspuffer der Größe *Receive Window Size* (RWS) verwaltet. Treten in der Empfangsfolge Lücken auf, kann der Empfänger einige Rahmen in diesem Puffer speichern, bis die fehlenden Rahmen nachgeliefert wurden.

Ein Sender kann einen fehlerhaften Rahmentransport in der Regel nur durch das Ausbleiben einer positiven Bestätigung (*ACK*) erkennen. Hierzu wird ein Timeout verwendet, der für jede Rahmenaussendung geprüft wird.

Aufgabe

In einem speziellen Sliding-Window-Protokoll gelten folgende Festlegungen:

- Der Sender sendet 1 Rahmen/Zeiteinheit aus, wenn dies durch das Sendefenster möglich ist.
- Die Übertragungszeit für Rahmen und ACKs beträgt jeweils 2 Zeiteinheiten.
- Die Verarbeitungszeit beim Empfänger beträgt 1 Zeiteinheit (Rahmen-Empfang bis ACK-Aussendung). Daraus ergibt sich eine Round-Trip-Zeit von 5 Zeiteinheiten.
- Die Verarbeitungszeit beim Sender beträgt 1 Zeiteinheit (ACK-Empfang bis zur potentiellen neuen Rahmen-Aussendung).
- Es sollen *kumulative ACKs* verwendet werden, d.h. eine Bestätigung erfolgt nur über eine lückenlos empfangene Folge von Rahmen.
- Der Timeout sei 7 Zeiteinheiten.
- Die Fenstergrößen sind SWS = RWS = 4.

a) Wie sieht das Raumzeit-Diagramm der Rahmen 1...8 aus, wenn jede Übertragung erfolgreich ist?

b) Wie sieht das Raumzeit-Diagramm der Rahmen 1...8 aus, wenn jede Übertragung außer der ersten Übertragung von Rahmen 2 erfolgreich ist?

(Lösung auf Seite 90)

Aufgabe 18 – Sliding Window (2)

Bei einem weiteren Sliding-Window-System sendet der Sender Rahmen mit den Nummern 0 bis 8 an einen Empfänger. Die Zustellung der Rahmen ist bis auf die Rahmen 1 und 4 sofort erfolgreich. Bei den Rahmen 1 und 4 geht die jeweils erste Kopie beim Sendevorgang verloren, die zweite Zustellung ist jeweils erfolgreich. Die ACKs des Empfängers werden in jedem Fall erfolgreich zugestellt.

Der Empfänger verwendet kumulative ACKs. Nehmen Sie folgende Zeiten an:

- Die Transportzeit für Rahmen und ACKs beträgt 10 ms.
- Der Timeout beträgt 30 ms.
- Eine Station benötigt 1 ms um eine Reaktion auf einen Rahmen oder ACK durchzuführen (die Round-Trip-Zeit ist also insgesamt 21 ms).
- Darf der Sender gemäß dem Sendefenster weitere Rahmen aussenden, so geschieht dies mit der Rate von 1 Rahmen/2 ms.

a) Zeichnen Sie Raumzeit-Diagramme, die den Rahmen- und ACK-Transport darstellen und zwar für die Konfigurationen SWS = RWS = 3 sowie SWS = RWS = 6. Stellen Sie auch jeweils die Sende- und Empfangsfenster dar.

b) Bisher wird der Rahmen-Verlust nur durch einen Timeout festgestellt. Der Sender könnte aber auch den wiederholten Empfang *desselben* ACKs auswerten (so genannte *duplicate ACKs*). Diskutieren Sie Vor- und Nachteile.

(Lösung auf Seite 91)

Aufgabe 19 – Sliding Window (3)

Führen Sie analog zu Aufgabe 18 (Seite 12) das Sliding-Window-Protokoll für SWS = RWS = 3 mit *selektiven ACKs* durch. Selektive ACKs bestätigen separat *alle* erfolgreich empfangenen Rahmen, also nicht nur den letzten in einer ununterbrochenen Folge erfolgreich empfangener Rahmen.

Diskutieren Sie Vor- und Nachteile von selektiven ACKs.

(Lösung auf Seite 91)

Aufgabe 20 – Die Bridge (1)

Einführende Erklärungen

Eine Bridge verbindet zwei LAN-Segmente:

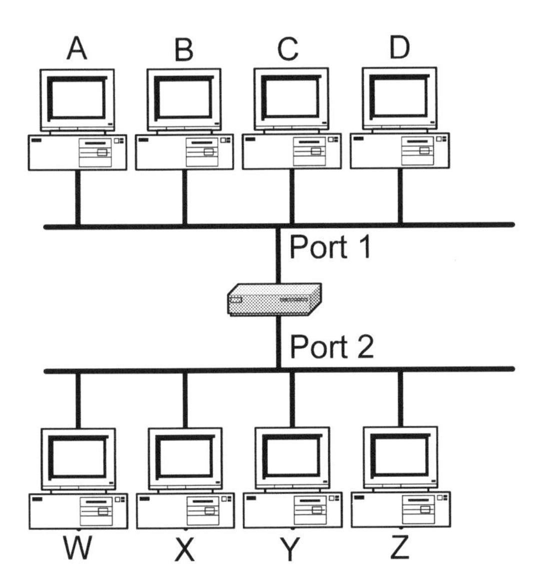

Abbildung 5: Durch eine Bridge verbundene LAN-Segmente

Die Bridge soll *selbstlernend* sein, d.h. immer wenn sie einen Rahmen empfängt, merkt sie sich den Sender und die Portnummer des Empfangs. Hierzu verwaltet sie eine Tabelle, die die Zuordnung

$$\text{Host-Adresse} \rightarrow \text{Port, um den Host zu erreichen}$$

ermöglicht.

Aufgabe

Die Bridge kennt zunächst keine Zuordnung. Es findet jetzt die Kommunikation statt, wie in der nächsten Tabelle dargestellt. Angegeben sind jeweils der Sender und der Empfänger eines Rahmens. Die Bridge sendet nun je nach Lernstatus den Rahmen an einen oder keinen der Ausgabeports. Geben Sie bei jeder Sendung an, zu welchem Port die Übertragung kopiert wird (Beispiel in der ersten Zeile).

Tabelle 5: Zuordnung der Transmissionen zu Ports

Sender	Empfänger	Port 1	Port 2
W	Y	✓	
A	Y		
X	W		
A	C		
D	B		
B	D		
X	D		
Z	W		
C	B		

(Lösung auf Seite 94)

Aufgabe 21 – Die Bridge (2)

Gegeben sei folgendes Netzwerk mit zwei selbstlernenden Bridges.

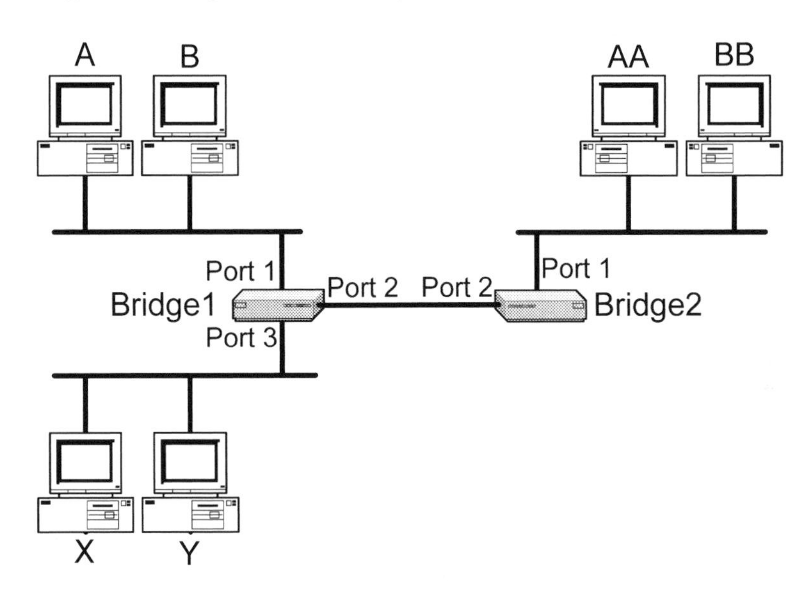

Abbildung 6: Durch zwei Bridges verbundene LAN-Segmente

Die folgende Tabelle gibt an, in welcher Reihenfolge die Rahmen im Netzwerk versendet werden. Markieren Sie in den Spalten "Bridge$_i$ Port$_j$", ob der entsprechende Rahmen über den Port ausgegeben wird.

Tabelle 6: Zuordnung der Transmissionen zu Ports von zwei Bridges

Sender	Empfänger	Bridge 1 Port 1	Bridge 1 Port 2	Bridge 1 Port 3	Bridge 2 Port 1	Bridge 2 Port 2
A	B					
AA	B					
X	A					
Y	BB					
BB	AA					
B	X					
AA	B					

(Lösung auf Seite 95)

4 Der Medienzugriff

Eine wichtige Funktion der Sicherungsschicht ist der Medienzugriff. Bei schnellen Netzwerken tritt diese Fragestellung zwar zunehmend in den Hintergrund, da man jedem Teilnehmer technologiebedingt eine ausschließliche Benutzung des Mediums gewähren kann. Insbesondere aber bei Funknetzen hat das Medienzugriffsverfahren einen großen Einfluss auf den Durchsatz. Wir behandeln entsprechende Fragestellungen anhand zweier Medienzugriffsverfahren: CSMA/CD und CSMA/CA.

Aufgabe 22 – Der Ethernet-Medienzugriff

In einem Ethernet-Netzwerk nach dem CSMA/CD-Verfahren müssen die *Sender* einer Übertragung eine Kollision sicher erkennen können. Hierzu vergleichen sie ihre eigene Übertragung mit dem Signal auf dem Netzwerk. Ist der Vergleich negativ, so wurde das Signal durch eine andere Übertragung gestört.

Sind zwei Sender zu weit voneinander entfernt, kann es sein, dass diese die Kollision nicht mehr erkennen können, da das kollidierende Signal erst *nach* der kompletten eigenen Aussendung eintrifft. In dieser Aufgabe berechnen wir, wie weit zwei Stationen in einem 10-MBit-Ethernet maximal voneinander entfernt sein dürfen, um Kollisionen sicher erkennen zu können. Wir machen folgende Annahmen:

- Es wird mit 10 MBit/s (= $10 \cdot 10^6$ Bit/s) gesendet.
- Ein Rahmen hat eine Mindestlänge von 512 Bits.
- Erkennt eine Station eine Kollision, so sendet sie noch ein so genanntes *Stausignal*, bevor sie abbricht. Die Länge des Signals ist hierbei unwichtig – relevant ist nur, dass über das Stausignal andere Sender eine Kollision erkennen können.
- Die Signale breiten sich mit Lichtgeschwindigkeit aus – hier vereinfacht mit 300 000 km/s angenähert.

a) Berechnen Sie den maximalen Abstand zweier Stationen unter der Annahme, dass keine Verzögerung außer der Signalausbreitung auf dem Verbindungsweg vorliegt.

b) Berechnen Sie den maximalen Abstand, wenn zwischen zwei Stationen maximal vier Repeater mit je einer Verzögerung von 4 µs geschaltet werden können.

(Lösung auf Seite 95)

Aufgabe 23 – Der WLAN-Medienzugriff (1)

Einführende Erklärungen

Wireless LAN nach IEEE 802.11 verwendet das CSMA/CA-Verfahren zum Medienzugriff:

- Ist das Medium frei, sendet ein Sender sofort.
- Ist es belegt, wartet er bis zum Ende der Übertragung. Danach wartet er zusätzlich eine Wartezeit DIFS (*DCF Interframe Space*) sowie eine zufallszahlabhängige Wartezeit ab.
- Tritt während der Wartezeit eine Medienbelegung durch eine andere Station auf, wird der Warte-Vorgang wiederholt. Die zufallszahlabhängige Wartezeit wird beim letzten Stand eingefroren.

Die maximale Wartezeit nach dem DIFS wird *Contention Window* genannt.

Aufgabe

Gegeben sei ein Wireless LAN mit vier Stationen S1 bis S4. Während Station S1 einen Rahmen1 sendet, bewerben sich die Stationen S2, S3 und S4 um den Zugriff auf das Funkmedium.

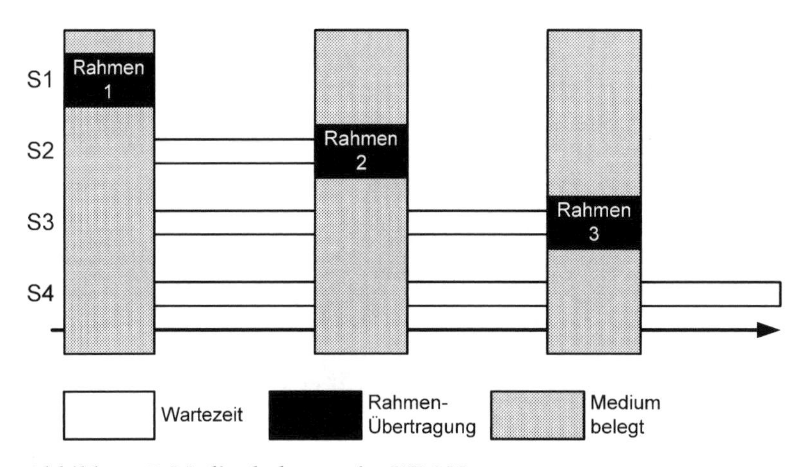

Abbildung 7: Medienbelegung im WLAN

Es wird das einfache CSMA/CA-Verfahren ohne Bestätigung eingesetzt, um den gemeinsamen Zugriff zu regeln. Dabei wählen die Stationen die folgenden Zufallszahlen für die Berechnung der Wartezeiten:

S2: 2, S3: 5, S4: 6.

Berechnen Sie für die Stationen S2, S3 und S4 jeweils die Zeiten, die zwischen dem Ende von Rahmen1 und dem Start des eigenen Rahmens vergehen. Nehmen Sie dazu folgende Vereinfachung an:

- die zufallsabhängigen Wartezeiten bilden sich aus Einheiten der Zeit T
- ein DCF Interframe Space hat eine Länge von 2,5T
- jeder Rahmen hat eine Länge von 10T

(Lösung auf Seite 97)

Aufgabe 24 – Der WLAN-Medienzugriff (2)

In Aufgabe 23 (Seite 18) sind wir im Wireless LAN davon ausgegangen, dass jede Station beim Medienzugriff jede andere empfangen kann.

Sei durch (X, Y) beschrieben, dass sich die Stationen X und Y gegenseitig empfangen können, -(X, Y) beschreibt, dass kein direkter Empfang möglich ist.

a) Bei drei Stationen S1, S2, S3: was für ein Problem könnte durch die Kombination (S1, S2), (S2, S3) aber -(S1, S3) entstehen? Wie könnte man es lösen?

b) Bei vier Stationen S1, S2, S3, S4: was für ein Problem könnte durch die Kombination (S1, S2), (S2, S3), (S3, S4) aber -(S1, S4), -(S1, S3), -(S2, S4) entstehen? Wie könnte man es lösen?

Untersuchen Sie diese Konfigurationen nur auf eventuelle Probleme beim Medienzugriff. Lassen Sie Probleme der prinzipiellen Erreichbarkeit einiger Knoten außer Acht (diese werden ggf. von der OSI-Schicht 3 gelöst).

(Lösung auf Seite 98)

Aufgabe 25 – Der WLAN-Medienzugriff (3)

a) In einem WLAN bewerben sich zwei Stationen um das Medium. Das Contention Window sei 7. Wie groß ist die Wahrscheinlichkeit für eine Kollision?

b) Wie groß ist die Kollisionswahrscheinlichkeit bei drei Stationen und einem Contention Window von 7?

c) Leiten Sie eine allgemeine Formel für die Kollisionswahrscheinlichkeit p_i für i Stationen in Abhängigkeit des Contention Windows cw her.

d) Bei welcher der WLAN-Stufen für Contention Windows ergibt sich eine Kollisionswahrscheinlichkeit für drei Stationen von weniger als 5%?

(Lösung auf Seite 100)

5 Circuit Switching

Circuit Switching stellt für einige Anwendungen immer noch ein wichtiges Paradigma dar. Eine bedeutende Technologie, die auf Circuit Switching basiert, ist ATM. In diesem Kapitel sollen die Eigenschaften von Circuit Switching und die Umsetzung durch ATM behandelt werden.

Aufgabe 26 – Begriffe

Grenzen Sie den Begriff *Circuit Switching* gegenüber *Packet Switching* ab.

(Lösung auf Seite 101)

Aufgabe 27 – ATM

Beantworten Sie die folgenden Fragen stichwortartig:

a) Warum benutzt ATM *kleine* Zellen mit *fester* Länge?

b) ATM sichert nur den Header, nicht aber die Nutzdaten mit der Prüfsumme ab. Nennen Sie Gründe dafür?

c) ATM unterstützt Dienstgüte. Was für Nachteile könnten entstehen, wenn höhere Protokolle *ohne* Dienstgüteunterstützung ATM benutzen?

(Lösung auf Seite 102)

Aufgabe 28 – ATM-Dienstgüte

Erläutern Sie die vier ATM-Dienstgüte-Klassen an selbstgewählten Szenarien.

(Lösung auf Seite 102)

6 Routing

Aus der Sicht der algorithmischen Umsetzung sind Routing-Verfahren sehr interessant. Es geht um die ambitionierte Aufgabe, dezentral und auf der Basis unvollständiger Informationen über die Topologie eine sinnvolle Entscheidung zu treffen, welchen Weg ein Paket vom Sender zum Empfänger zurücklegen soll. Neben den Hauptkategorien *Distance-Vector-Routing* und *Link-State-Routing* gibt es viele konkrete Realisierungen. Wir behandeln einige wichtige Vertreter dieser Verfahren.

Aufgabe 29 – Routing (1)

Tragen Sie möglichst viele Unterschiede von *Distance-Vector-* und *Link-State-Routing* zusammen.

(Lösung auf Seite 104)

Aufgabe 30 – Dijkstra

Einführende Erklärungen

Der Algorithmus von *Dijkstra* zur Bestimmung von Laufweg-Quellbäumen arbeitet wie folgt. Sei

- N_q der Quellknoten,
- M die Menge der schon betrachteten Knoten,
- T der sukzessive aufgebaute Quellbaum und
- d_i der bisher berechnete Abstand von N_q zu N_i.

Initialisierung:

- $M \leftarrow \{N_q\}$
- $T \leftarrow \{N_q\}$
- Für alle Nachbarn N_i von N_q: $d_i \leftarrow \text{Abstand}(N_q, N_i)$
- Für alle anderen Knoten: $d_i \leftarrow \infty$

Solange noch nicht alle Knoten in M erfasst sind:

- Bestimme den Knoten N_w mit dem geringsten Abstand zu N_q, genauer: wähle N_w mit $d_w = \min\{d_i \mid N_i \notin M\}$.
- Bestimme die Kante k mit dem kleinsten Gewicht, die N_w und ein Knoten aus T verbindet.
- $M \leftarrow M \cup \{N_w\}$, $T \leftarrow T \cup \{k\}$
- $d_i \leftarrow \min\{d_i, d_w + \text{Abstand}(N_w, N_i)\}$ für alle $N_i \notin M$

Danach gilt:

- In T steht der gesuchte Quellbaum.
- In d_i steht der kürzeste Abstand vom Quellknoten zu N_i.

Aufgabe

Gegeben sei folgendes Netzwerk:

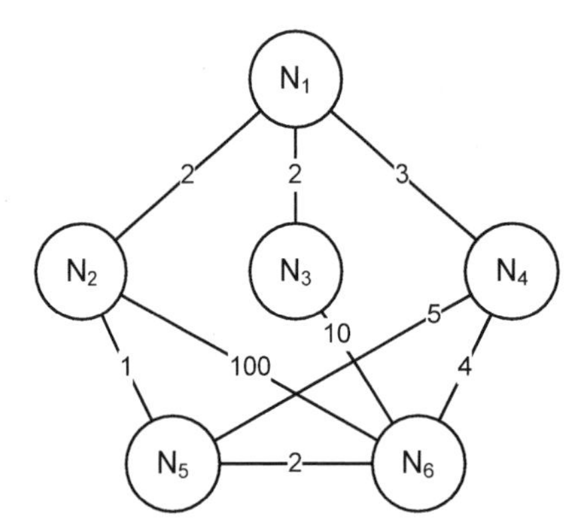

Abbildung 8: Netzwerk zur Berechnung des Quellbaums

Wenden Sie Dijkstras Algorithmus zur Bestimmung von Laufweg-Quellbäumen für Knoten N_5 an.

(Lösung auf Seite 105)

Aufgabe 31 – Distributed Bellman-Ford (1)

Einführende Erklärungen

Das Routing-Verfahren *Distributed Bellman-Ford* (DBF) arbeitet wie folgt:

- Jeder Knoten verwaltet eine Routing-Tabelle mit den Spalten *Ziel* (an welchen Zielknoten soll ein Paket gesendet werden), *Hop* (über welchen direkten Nachbarn wird gesendet), *Metrik* (welche Distanz hat das Ziel). Ein Knoten hat für jeden Knoten im Netzwerk eine separate Zeile in dieser Tabelle.
- Für eine Routing-Tabelle eines Knotens N_a bezeichne H_{ab} den Eintrag der Spalte Hop für einen Zielknoten N_b und M_{ab} den Eintrag der Spalte Metrik für einen Zielknoten N_b.
- Eine Tabelle wird mit $H_{ij} \leftarrow ?$, $M_{ij} \leftarrow \infty$ für $i \neq j$ sowie mit $H_{ij} \leftarrow N_i$, $M_{ij} \leftarrow 0$ für $i = j$ initialisiert.
- Für jeden direkten Nachbarn N_j von N_i wird eingetragen: $H_{ij} \leftarrow N_j$, $M_{ij} \leftarrow$ Abstand(N_i, N_j). Der Abstand wird für die so genannte *Hop-Metrik* auf 1 gesetzt.

– Jeder direkte Nachbar N_j von N_i sendet seine Routing-Tabelle an N_i. Für einen Tabelleneintrag zu N_k wird überprüft, ob $M_{ij}+M_{jk}<M_{ik}$. Wenn dies gilt, erfolgen die Zuweisungen:
  - $H_{ik} \leftarrow N_j$,
  - $M_{ik} \leftarrow M_{ij}+M_{jk}$.

  Für die Hop-Metrik vereinfacht sich die letzte Zuweisung zu $M_{ik} \leftarrow 1+M_{jk}$.

Aufgabe

Gegeben sei folgendes Netzwerk:

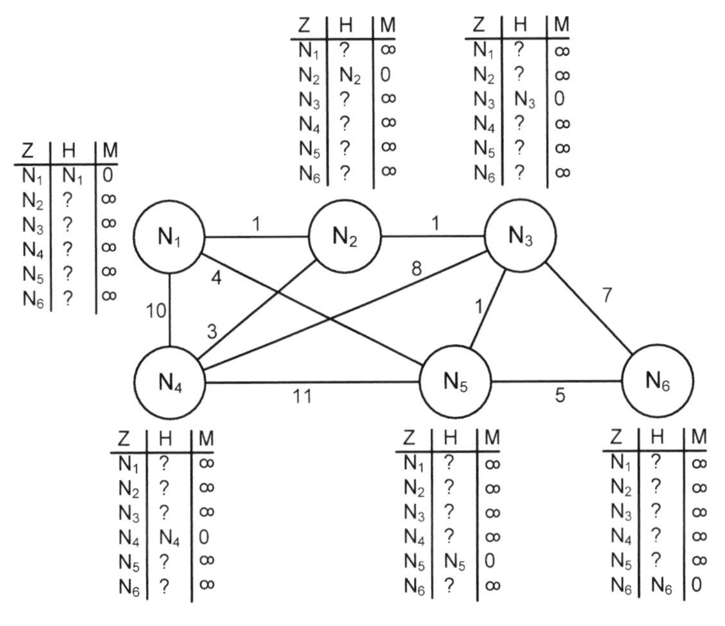

Abbildung 9: Netzwerk mit DBF-Tabellen

Führen Sie das DBF-Verfahren aus und geben Sie nach jedem Schritt die Routing-Tabellen an. Ein Schritt gilt dabei als durchgeführt, wenn jeder Knoten die Routing-Tabellen mit all seinen Nachbarn einmalig abgeglichen hat.

(Lösung auf Seite 106)

Aufgabe 32 – Distributed Bellman-Ford (2)

In einem Netzwerk mit sechs Knoten wird das Routing nach Distributed Bellman-Ford durchgeführt. Für die Knoten N_1, N_2 und N_3 sind die aktuellen Routing-Tabellen dargestellt.

Hinweis: in diesem Netzwerk wird *nicht* die Hop-Metrik zugrunde gelegt.

Tabelle 7: Routing-Tabellen im DBF-Verfahren

N_1		
Ziel	Hop	Metrik
N_1	N_1	0
N_2	N_2	1
N_3	?	∞
N_4	N_4	6
N_5	N_4	8
N_6	N_4	7

N_2		
Ziel	Hop	Metrik
N_1	N_1	1
N_2	N_2	0
N_3	N_3	2
N_4	?	∞
N_5	N_5	6
N_6	?	∞

N_3		
Ziel	Hop	Metrik
N_1	?	∞
N_2	N_2	2
N_3	N_3	0
N_4	N_4	1
N_5	N_4	3
N_6	N_4	2

Die benachbarten Knoten gleichen nun ihre Routing-Tabellen ab. Bei einem Abgleich aktualisieren immer beide beteiligten Knoten ihre Routing-Tabellen. Die Reihenfolge der Abgleiche ist:

- N_1 mit N_2
- N_2 mit N_3
- N_1 noch einmal mit N_2

Stellen Sie die Routing-Tabellen der beteiligten zwei Knoten nach jedem Abgleich in folgenden Tabellen dar.

Tabelle 8: Routing-Tabellen nach Abgleich N_1 mit N_2

N_1		
Ziel	Hop	Metrik
N_1		
N_2		
N_3		
N_4		
N_5		
N_6		

N_2		
Ziel	Hop	Metrik
N_1		
N_2		
N_3		
N_4		
N_5		
N_6		

N_3
bleibt unverändert

Tabelle 9: Routing-Tabellen nach Abgleich N_2 mit N_3

N_1
bleibt unverändert

N_2		
Ziel	Hop	Metrik
N_1		
N_2		
N_3		
N_4		
N_5		
N_6		

N_3		
Ziel	Hop	Metrik
N_1		
N_2		
N_3		
N_4		
N_5		
N_6		

Tabelle 10: Routing-Tabellen nach zweitem Abgleich N_1 mit N_2

N_1		
Ziel	Hop	Metrik
N_1		
N_2		
N_3		
N_4		
N_5		
N_6		

N_2		
Ziel	Hop	Metrik
N_1		
N_2		
N_3		
N_4		
N_5		
N_6		

N_3
bleibt unverändert

(Lösung auf Seite 107)

Aufgabe 33 – DSDV

Einführende Erklärungen

Das Routing-Verfahren *Destination-Sequenced Distance Vector* (DSDV) geht auf das DBF-Verfahren zurück und verhindert das so genannte *Count-to-Infinity-Problem.* Dieses Problem tritt dann auf, wenn ein Netzwerk-Segment abgetrennt wird und im abgetrennten Bereich mindestens zwei Knoten verbleiben: obwohl ein Knoten explizit den Verbindungswegfall wahrnimmt, erhält er vom zweiten Knoten noch einen gültigen Eintrag über den nicht erreichbaren Bereich und verwendet diese Route. In der Folge wird der Metrik-Wert pro Abgleich zwar immer größer, der Wegfall spiegelt sich aber nicht explizit in den Tabellen wider.

DSDV führt zur Lösung des Problems noch eine Spalte *Sequenznummer* ein (im Folgenden mit S_{ij} gekennzeichnet). Das DBF-Verfahren wird wie folgt abgeändert:

- Eine Tabelle wird mit $H_{ij} \leftarrow ?$, $M_{ij} \leftarrow \infty$, $S_{ij} \leftarrow -1$ für $i \neq j$ sowie mit $H_{ij} \leftarrow N_i$, $M_{ij} \leftarrow 0$, $S_{ij} \leftarrow 0$ für $i = j$ initialisiert.
- Jeder direkte Nachbar N_j von N_i sendet seine Routing-Tabelle an N_i. Für ei-

nen Tabelleneintrag zu N_k wird überprüft, ob $S_{ik}<S_{jk}$ oder ($M_{ij}+M_{jk}<M_{ik}$ und $S_{ik} = S_{jk}$). Wenn dies gilt, erfolgen die Zuweisungen:

- o $H_{ik} \leftarrow N_j$,
- o $M_{ik} \leftarrow M_{ij}+M_{jk}$,
- o $S_{ik} \leftarrow S_{jk}$

Für die Hop-Metrik vereinfacht sich die zweite Zuweisung zu $M_{ik} \leftarrow 1+M_{jk}$.

- Hat ein Knoten N_j den Eintrag an alle Nachbarn gesendet, erhöht er die Sequenznummer: $S_{jj} \leftarrow S_{jj}+2$.
- Entdeckt ein Knoten Ni eine Unterbrechung zu N_j, sucht N_i alle Zeilen für die gilt: $H_{ik} = N_j$: für diese wird ausgeführt: $H_{ik} \leftarrow$?, $M_{ik} \leftarrow \infty$, $S_{ik} \leftarrow S_{ik}+1$.

Aufgabe

a) In folgendem Netzwerk mit drei Knoten wird Routing nach dem DSDV-Verfahren angewendet.

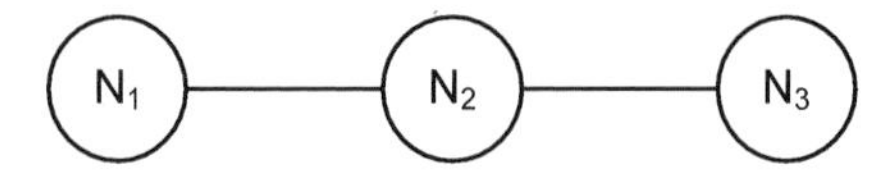

Abbildung 10: Netzwerk für das DSDV-Verfahren

Die Routing-Tabellen sehen wie folgt aus:

Tabelle 11: Routing-Tabellen im DSDV-Verfahren

N_1			
Ziel	Hop	Met	Seq
N_1	N_1	0	70
N_2	N_2	1	64
N_3	N_2	2	88

N_2			
Ziel	Hop	Met	Seq
N_1	N_1	1	70
N_2	N_2	0	64
N_3	N_3	1	88

N_3			
Ziel	Hop	Met	Seq
N_1	N_2	2	70
N_2	N_2	1	64
N_3	N_3	0	88

Die Verbindung zwischen N_2 und N_3 wird nun unterbrochen. Wie sehen die Routing-Tabellen aus, nachdem *alle* Knoten die Information über die Unterbrechung verarbeitet haben und wieder ein stabiler Zustand entstanden ist?

Tabelle 12: Routing-Tabellen nach der Unterbrechung zwischen N_2 und N_3

N_1			
Ziel	Hop	Met	Seq
N_1			
N_2			
N_3			

N_2			
Ziel	Hop	Met	Seq
N_1			
N_2			
N_3			

N_3			
Ziel	Hop	Met	Seq
N_1			
N_2			
N_3			

b) N_3 wird jetzt mit N_1 verbunden (die Unterbrechung N_2 und N_3 bleibt weiterhin bestehen). *Alle* Knoten senden eine Aktualisierung aus. Wie sehen die Routing-Tabellen aus, nachdem alle Knoten die Aktualisierungen verarbeitet haben und wieder ein stabiler Zustand entstanden ist?

Tabelle 13: Routing-Tabellen nach der Verbindung zwischen N_3 und N_1

N_1			
Ziel	Hop	Met	Seq
N_1			
N_2			
N_3			

N_2			
Ziel	Hop	Met	Seq
N_1			
N_2			
N_3			

N_3			
Ziel	Hop	Met	Seq
N_1			
N_2			
N_3			

(Lösung auf Seite 108)

Aufgabe 34 – OLSR

Einführende Erklärungen

Optimized Link State Routing (OLSR) erweitert den generellen Link-State-Ansatz um zwei Optimierungen: Kontrollpakete werden verkleinert und sie werden nicht mehr über alle Nachbarn geflutet. Erreicht werden die Optimierungen durch die so genannten *Multipoint Relays* – das sind diejenigen Nachbarn eines Knotens, über die man alle Nachbarn zweiter Stufe erreichen kann. Zur Beschreibung des Verfahrens führen wir folgende Bezeichnungen ein:

- $N(N_i)$ bezeichne die Menge der Nachbarn von N_i.
- $N2(N_i)$ bezeichne die Menge der Knoten, die exakt 2 Schritte von N_i entfernt sind.
- $MPR(N_i)$ bezeichne die Multipoint Relays von N_i.
- $MPRsel(N_i)$ bezeichne alle Knoten, die N_i als Multipoint Relay ausgewählt haben. Anders ausgedrückt: $N_j \in MPRsel(N_i) \Leftrightarrow N_i \in MPR(N_j)$.

Beim Fluten gibt ein Knoten nur ein Paket weiter, wenn er es von einem Knoten aus MPRsel erhalten hat. Die gefluteten Kontrollpakete enthalten darüber hinaus nicht alle Nachbarschaftsinformationen, sondern nur die Mengen MPRsel.

Es gibt verschiedene Möglichkeiten, MPR zu berechnen. OLSR funktioniert dabei auch mit suboptimalen MPR-Mengen. Ein Vorschlag für die Berechnung lautet:

- Beginne mit einer leeren Menge MPR.
- Füge alle Knoten aus N hinzu, die eine einzige Verbindung zu Knoten aus N2 darstellen.
- Solange es noch Knoten in N2 gibt, die nicht über Knoten aus MPR erreichbar sind:

  - Wähle den Knoten aus N, der die meisten noch nicht erreichbaren Knoten aus N2 erreicht.
  - Gibt es mehrere Knoten mit der gleichen Zahl, wähle den Knoten mit den meisten Nachbarn.
  - Füge diesen Knoten zu MPR hinzu.
- Wenn es Knoten N_j aus MPR gibt, so dass MPR \ $\{N_j\}$ immer noch alle Knoten aus N2 erreicht, dann lösche N_j.

Basierend auf den gefluteten Kontrollpaketen können nun kürzeste Wege berechnet werden. Der OLSR-Algorithmus basiert dabei auf dem Dijkstra-Verfahren. Es werden zwei Tabellen angelegt: eine Topologie-Tabelle sammelt alle gefluteten Kontrollpakete. Als Beispiel: wenn N_2 die Menge MPRsel = $\{N_1, N_3\}$ flutet, macht jeder andere Knoten folgende Einträge in der Topologie-Tabelle:

Tabelle 14: OLSR-Topologie-Tabelle

Knoten (Sender des Kontrollpakets)	Selektor (Element aus MPRsel)
...	...
N_2	N_1
N_2	N_3
...	...

Mit einer zweiten Tabelle, der *Routing-Tabelle*, werden die kürzesten Wege berechnet. Einträge haben die Form (Ziel, Hop, Metrik). Die Berechnung geht wie folgt:

- Beginne mit einer leeren Routing-Tabelle.
  - Füge einmalig (N_i, N_i, 0) ein.
  - Für jedes $N_j \in N(N_i)$ füge (N_j, N_j, 1) ein.
- Zum Zählen der Hops wird eine Variable h benutzt, die mit $h \leftarrow 1$ initialisiert wird.
- *Schleifenanfang*: Durchlaufe die Routing-Tabelle zeilenweise.
  - Teste dabei für alle Zeilen (z_r, h_r, m_r) der Routing-Tabelle, ob es in der Topologie-Tabelle einen Eintrag (k_t, s_t) gibt mit $z_r = s_t$.
  - Wenn ja, lösche diese Zeile aus der Topologie-Tabelle.
- Ist die Topologie-Tabelle leer, ist die Berechnung beendet.
- Durchlaufe die Topologie-Tabelle zeilenweise.
  - Teste dabei für alle Zeilen (k_t, s_t), ob es einen Eintrag (z_r, h_r, m_r) der Routing-Tabelle gibt mit $z_r = k_t$ und $m_r = h$.
  - Wenn ja, füge die Zeile (s_t, h_r, h+1) in die Routing-Tabelle ein.
- Setze $h \leftarrow h+1$ und fahre mit dem Schleifenanfang fort.

Aufgabe

a) Gegeben ist folgendes Netzwerk:

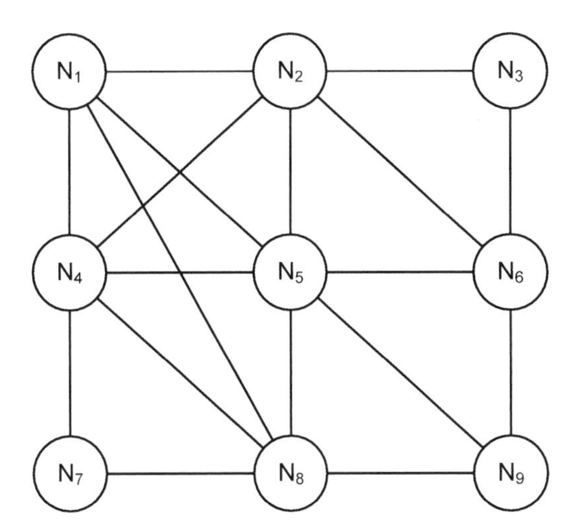

Abbildung 11: Netzwerk zur Berechnung von MPR(N_1)

Berechnen Sie die Menge MPR(N_1) nach dem vorgestellten Verfahren.

b) Gegeben sei nun folgendes Netzwerk:

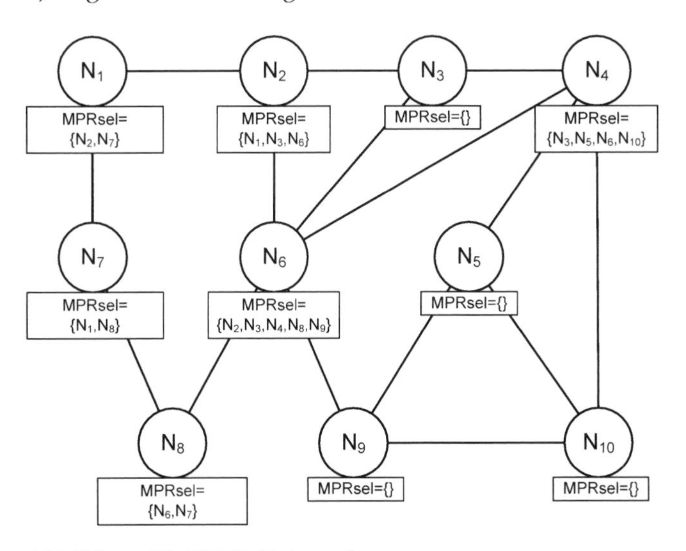

Abbildung 12: OLSR-Netzwerk

Bei den Knoten sind die Mengen MPRsel angegeben. Der Knoten N_1 soll nun anhand der zugesandten Kontrollpakete eine Routing-Tabelle berechnen.

Stellen Sie dazu zuerst die Topologietabelle für N_1 auf und führen Sie den OLSR-Algorithmus zur Berechnung der kürzesten Wege für N_1 durch.

(Lösung auf Seite 109)

Aufgabe 35 – Routing (2)

Beantworten Sie die folgenden Fragen stichwortartig:

a) Was versteht man unter dem Count-to-Infinity-Problem und wie kann es gelöst werden?

b) Was versteht man unter Source-Routing?

c) Was versteht man unter Fluten? Nennen Sie Details.

d) Der in Aufgabe 31 (Seite 24) dargestellte Algorithmus von DBF erlaubt nur, dass Distanzen kleiner werden. In welchen Fällen muss die Distanz jedoch vergrößert werden? Erweitern Sie den Algorithmus entsprechend.

(Lösung auf Seite 111)

7 Die Vermittlungsschicht des Internets

Das wichtigste Protokoll der Vermittlungsschicht des Internets ist das *Internet Protocol (IP)*. Durch ein hierarchisches Adressierungsschema skaliert IP auch für große Rechnerzahlen. In diesem Kapitel nimmt daher die IP-Adressierung einen großen Raum ein. Darüber hinaus muss sich IP der Sicherungsschicht bedienen, um Pakete innerhalb der Direktverbindungsnetzwerke zu versenden – hier sind Fragen der Adressauflösung und Fragmentierung zu behandeln.

Aufgabe 36 – IP-Adressen (1)

a) Sie wollen ein Netz mit 5000 Rechnern an das weltweite Internet anschließen. Wenn Sie eine IPv4-Klassenadresse (ohne CIDR) verwenden wollen – welche IP-Adress-Klasse beantragen Sie? Wie viele Prozent der für Sie reservierten Adressen nutzen Sie aus?

b) Die 5000 Rechner werden gleichmäßig auf 50 Abteilungen aufgeteilt. Setzen Sie eine Subnetz-Maske unter der Annahme, dass die Anzahl der Abteilungen in der Zukunft nicht mehr signifikant anwachsen wird. Die Anzahl der Rechner pro Abteilung ist jedoch schwer für die Zukunft abzuschätzen. Man erwartet hier noch einen erhöhten Rechnerbedarf und möchte möglichst flexibel bleiben.

c) Ihrem Antrag auf eine volle Klassen-Adresse wird nicht entsprochen. Stattdessen sollen klassenlose Adressen mit *CIDR* (*Classless Inter-Domain Routing*) vergeben werden. Um Kosten zu sparen, geben Sie die Subnetz-Struktur der Abteilungen auf. Wie viele Klasse-C-Adressen benötigen Sie? Welchen Block von Adressen bekommen Sie zugeteilt? Geben Sie ein Beispiel für einen gültigen Adress-Bereich.

(Lösung auf Seite 112)

Aufgabe 37 – Fragmentierung (1)

Es soll ein IP-Paket mit 2200 Bytes Nutzdaten übertragen werden. Das Paket muss fragmentiert werden, da es über Schicht-2-Netzwerke (LAN1-LAN4) transportiert wird, die nur kleinere Rahmen erlauben. Angegeben ist jeweils die Anzahl der Nutzdaten-Bytes, die ein IP-Paket haben darf:

Tabelle 15: Maximale Nutzlastbytes in verschiedenen LANs

LAN	LAN1	LAN2	LAN3	LAN4
max. Bytes Nutzlast	1400	512	1400	2400

Geben Sie die Nutzlast-Größe der Fragmente an, die beim Empfänger ankommen.

(Lösung auf Seite 113)

Aufgabe 38 – IP-Adressen (2)

a) Ordnen Sie die folgenden IP-Adressen in die zugehörigen IP-Adress-Klassen ein. Welche der Adressen haben eine besondere Bedeutung?

Tabelle 16: Beispiele für IP-Adressen

IP-Adresse	Adress-Klasse	Besonderheit
200.200.200.200		
85.6.200.1		
249.101.5.1		
192.168.5.3		
178.11.11.99		
127.0.0.1		
32.88.9.24		
172.20.111.23		
10.254.55.6		
225.3.3.64		

b) Gegeben folgende Netzwerkkonfigurationen bestehend aus Adresse und Subnetz-Maske. Der entsprechende Rechner schickt ein Paket an die angegebene Adresse. Geben Sie jeweils an, ob das Paket das Subnetz verlässt oder nicht.

Tabelle 17: IP-Paket-Übertragungen innerhalb und außerhalb des Subnetzes

IP-Adresse	Subnetz-Maske	Ziel-Adresse	Verlässt Subnetz?
132.176.67.44	255.255.255.0	132.176.67.200	ja/nein?
132.176.67.44	255.255.255.0	132.176.68.44	
201.20.222.13	255.255.255.240	201.20.222.17	
15.200.99.23	255.192.0.0	15.239.1.1	
172.21.23.14	255.255.255.0	172.21.24.14	
210.5.16.199	255.255.255.252	210.5.16.196	
210.5.16.199	255.255.255.252	210.5.16.195	
5.5.5.5	255.254.0.0	5.6.6.6	

(Lösung auf Seite 113)

Aufgabe 39 – Fragmentierung (2)

Ein IP-Paket sei folgendermaßen notiert: `Ident=n, M=b, Offset=m, Daten=d [g]`, wobei

- `n` die ID des Pakets
- `b` der Inhalt des More-Bits (0 oder 1)
- `m` der Offset des Dateninhalts im Paket
- `d [g]` der Datenteil des Pakets mit Länge `g`

a) Sie empfangen folgende IP-Fragmente. Wie lauten die entsprechenden nicht-fragmentierten IP-Pakete?

```
Ident=102, M=0, Offset=32, Daten="2222..." [256]

Ident=101, M=1, Offset=64, Daten="cccc..." [256]

Ident=101, M=0, Offset=196, Daten="aaaa..." [800]

Ident=103, M=1, Offset=100, Daten="ZZZZ..." [200]

Ident=101, M=1, Offset=0, Daten="dddd..." [512]

Ident=102, M=1, Offset=0, Daten="1111..." [256]

Ident=103, M=1, Offset=0, Daten="YYYY..." [800]

Ident=104, M=0, Offset=0, Daten="0000..." [32]

Ident=103, M=0, Offset=125, Daten="bbbb..." [200]

Ident=101, M=1, Offset=96, Daten="bbbb..." [800]
```

b) Sie empfangen folgende IP-Fragmente. Welche IP-Pakete fordern Sie nach?

```
Ident=105, M=0, Offset=196, Daten="aaaa..." [800]

Ident=102, M=1, Offset=0, Daten="1111..." [256]

Ident=101, M=1, Offset=0, Daten="XXXX..." [400]

Ident=103, M=1, Offset=0, Daten="3333..." [800]

Ident=105, M=1, Offset=0, Daten="dddd..." [512]

Ident=105, M=1, Offset=96, Daten="bbbb..." [800]

Ident=101, M=1, Offset=50, Daten="YYYY..." [400]

Ident=103, M=1, Offset=110, Daten="4444..." [120]

Ident=103, M=0, Offset=125, Daten="5555..." [200]

Ident=102, M=0, Offset=32, Daten="2222..." [256]

Ident=101, M=0, Offset=100, Daten="ZZZZ..." [200]

Ident=104, M=0, Offset=0, Daten="0000..." [32]
```

(Lösung auf Seite 114)

Aufgabe 40 – Die Internet-Schicht (1)

Beantworten Sie die folgenden Fragen stichwortartig:

a) Warum verwendet IP nicht MAC-Adressen als Ziel-Adressen?

b) Gibt es Rechner mit mehr als einer IP-Adresse?

c) Welche IP-Adressen haben besondere Bedeutungen?

d) Erklären Sie die Funktionsweise von ARP (*Address Resolution Protocol*).

e) Erklären Sie die Funktionsweise von NAT (*Network Address Translation*).

f) Welche Kritik besteht gegenüber NAT?

(Lösung auf Seite 115)

Aufgabe 41 – Die Internet-Schicht (2)

Beantworten Sie die folgenden Fragen stichwortartig:

a) Wieso könnte es passieren, dass *Traceroute* eine Liste von Zwischenschritten zu einem Ziel angibt, die gar nicht miteinander verbunden sind?

b) Wieso können mobile Rechner nicht ohne weitere Vorkehrungen ihre IP-Adresse im Fremdnetz behalten?

c) Wieso ist das DHCP (*Dynamic Host Configuration Protocol*) nicht geeignet für mobile Rechner, die selbst Dienste anbieten?

d) Wieso wird die Zuweisung von Adressen über DHCP in zwei Schritte DISCOVER/OFFER und REQUEST/ACK geteilt? Der DHCP-Server könnte doch direkt nach Erhalt des DISCOVERs die Adresse zuweisen und mit ACK quittieren.

e) Welche Sicherheitsprobleme entstehen durch DHCP?

f) Welches Hauptproblem von IPv4 soll mit IPv6 gelöst werden?

g) Beschreiben Sie die Funktionsweise von BGP (*Border Gateway Routing*).

(Lösung auf Seite 116)

Aufgabe 42 – IP-Adressen (3)

a) Geben Sie für folgende Netzwerkkonfigurationen die entsprechenden Subnetz-Masken an:

- Maximal viele Subnetze mit je 5 Rechnern in einem Klasse-B-Netz
- 50 Subnetze mit je 999 Rechnern in einem Klasse-B-Netz
- 12 Subnetze mit je 12 Rechnern in einem Klasse-C-Netz

b) Geben Sie für eine vorgegebene Adresse und Subnetz-Maske den Bereich von gültigen Rechneradressen an, die sich im selben Subnetz befinden. Den Adress-Bereich geben bitte an, indem Sie die kleinste und größte mögliche *Rechner*adresse des Subnetzes angeben.

Tabelle 18: Rechneradressen in Subnetzen

Rechneradresse	Subnetz-Maske	Kleinste Rechneradresse	Größte Rechneradresse
151.175.31.100	255.255.254.0		
151.175.31.100	255.255.255.240		
151.175.31.100	255.255.255.128		

(Lösung auf Seite 117)

8 Die Transportschicht des Internets

Die Transportschicht des Internets wird durch die Protokolle *UDP* (*User Datagram Protocol*) und *TCP* (*Transmission Control Protocol*) repräsentiert. TCP behandelt unter anderem die Überlast- und Flusskontrolle sowie die zuverlässige Zustellung. Hierzu wird das aus der Sicherungsschicht bekannte Sliding-Window-Verfahren mit einer ausgefeilten Abschätzung zur Round-Trip-Zeit eingesetzt.

Aufgabe 43 – Noch einmal Sliding Window

Beantworten Sie die folgenden Fragen stichwortartig:

a) Was sind die Hauptunterschiede der OSI-Schichten 2 und 4, die beim Einsatz von Sliding Window zu berücksichtigen sind?

b) Was ist der Unterschied zwischen Fluss- und Überlastkontrolle?

c) Was verbirgt sich hinter Slow Start und wozu wird es benötigt?

(Lösung auf Seite 117)

Aufgabe 44 – TCP allgemein

Beantworten Sie die folgenden Fragen stichwortartig:

a) TCP ist auf der Transportschicht angesiedelt. Die Sicherungsschicht stellt schon sicher, dass keine Rahmen verloren gehen. Wieso muss TCP dennoch mit Paketverlusten rechnen?

b) Wozu würde man typischerweise UDP einsetzen, wozu TCP?

c) Welche Dienstleistungen erbringt TCP für höhere Schichten?

d) Wann sendet TCP ein Segment aus?

e) Was sind duplicate ACKs und welchen Vorteil kann man durch ihre Auswertung erlangen?

(Lösung auf Seite 118)

Aufgabe 45 – TCP-Flusskontrolle

Einführende Erklärungen

Die TCP-Flusskontrolle arbeitet wie folgt:

- Ein Sender verwaltet einen Sendepuffer der Größe `MaxSendBuffer`. Er merkt sich in `LastByteAcked` das letzte Byte, das vom Empfänger bestätigt wurde (kumulative ACKs) und in `LastByteSent` das letzte gesendete (u.U. noch unbestätigte) Byte.
- Ein Empfänger verwaltet einen Empfangspuffer der Größe `MaxRcvBuffer`. Er merkt sich in `LastByteRead` das Byte, das von der lesenden Anwendung zuletzt gelesen wurde. `NextByteExpected` gibt die erste Lücke nach einer ununterbrochenen Folge empfangener Bytes an. `LastByteRcvd` gibt das letzte empfangene Byte an.
- Der Empfänger sendet mit jeder positiv empfangenen Nachricht ein kumulatives ACK mit einem `AdvertisedWindow` zurück. Dieses berechnet sich wie folgt:

  $$\texttt{AdvertisedWindow} = \texttt{MaxRcvBuffer} - (\texttt{LastByteRcvd} - \texttt{LastByteRead})$$

- Der Sender berechnet darauf

  $$\texttt{EffectiveWindow} = \texttt{AdvertisedWindow} - (\texttt{LastByteSent} - \texttt{LastByteAcked})$$

- Der Sender kann `EffectiveWindow` weitere Bytes senden, bevor der Empfänger im schlimmsten Fall einen Pufferüberlauf hat.

Aufgabe

In einem konkreten Fall seien die Puffer wie folgt konfiguriert:

- `MaxSendBuffer = 1000`
- `MaxRcvBuffer = 200`

Der Sendepuffer sei ständig durch die sendende Anwendung hinreichend gefüllt. Es gehen keine Pakete verloren und es findet keine Router-Überlastung statt. Es wird ausschließlich eine Flusskontrolle (ohne Überlastkontrolle) durchgeführt.

Zusätzlich soll folgende vereinfachende Änderung am TCP-Protokoll angenommen werden: pro Block von Paketen (d.h. pro dargestellter Zeile in der folgenden Tabelle) wird exakt eine Bestätigung vom Empfänger zurückgesendet. In der Realität würde TCP für jedes Paket im Advertised-Window eine *eigene* Bestätigung senden.

Vervollständigen Sie unter diesen Annahmen die folgende Tabelle.

Tabelle 19: Beispiel einer TCP-Sitzung

	Last Byte Acked	Effective Win	Send	Last Byte Sent	Last Byte Read	Last Byte Rcvd	Next Byte Exp	Advertised Win	ACK (kum; win)
1			(1..50)	50	0	50	51	150	(50;150)
2	50	150	(51..200)	?	10	?	201	?	?
3					20		211		
4					30	220	216(!)		
5					40		226		
6					50		241		
7					50(!)		251		
8					50		251		
9					60		252		
10					70		261		

(Lösung auf Seite 118)

Aufgabe 46 – TCP-Timeouts

Für die Berechnung der TCP-Timeouts gibt es zwei Formeln:

- Formel 1:

$$RTT \leftarrow RTT \cdot a + RTT_{last} \cdot (1-a)$$
$$Timeout_1 \leftarrow 2 \cdot RTT$$

- Formel 2 (Jacobson/Karels):

$$RTT \leftarrow RTT \cdot a + RTT_{last} \cdot (1-a)$$
$$Deviation \leftarrow Deviation \cdot a + |RTT_{last} - RTT| \cdot (1-a)$$
$$Timeout_2 \leftarrow RTT + 4 \cdot Deviation$$

a) Es sei a = 0,75. Gegeben sei eine zeitliche Abfolge von gemessenen Round-Trip-Zeiten RTT_{last}. Berechnen Sie die jeweiligen Timeouts nach den beiden Formeln.

Tabelle 20: Entwicklung der TCP-Timeouts

	RTT_{last}	RTT	$Timeout_1$	Deviation	$Timeout_2$
		200	400	10	240
1	200				
2	190				
3	180				
4	210				
5	200				
6	190				
7	210				
8	190				
9	210				
10	100				
11	90				
12	80				
13	90				
14	110				
15	100				
16	100				
17	90				
18	110				
19	100				
20	90				

b) Führen Sie die Berechnungen nun mit folgender Abfolge durch.

Tabelle 21: Entwicklung der TCP-Timeouts

	RTT_{last}	RTT	$Timeout_1$	Deviation	$Timeout_2$
		100	200	10	140
1	100				
2	50				
3	140				
4	60				
5	160				
6	100				
7	60				
8	50				
9	150				
10	100				
11	160				

12	100				
13	105				
14	90				
15	100				
16	105				
17	100				
18	95				
19	105				
20	100				

c) Stellen Sie die Ergebnisse von a) und b) jeweils grafisch dar. Interpretieren Sie die Kurvenverläufe.

(Lösung auf Seite 119)

9 Sicherheit

Sicherheitsfunktionen im Kommunikationsumfeld basieren auf kryptographischen Basisbausteinen wie die asymmetrische oder symmetrische Verschlüsselung sowie auf kryptographischen Hashfunktionen. Dieses Kapitel soll einen Streifzug durch die Welt der kryptographischen Bausteine anbieten.

Aufgabe 47 – Kryptographische Komponenten

Zeichnen Sie Architekturbilder für verschiedene Anwendungsfälle. Es stehen die folgenden kryptographischen Komponenten zur Verfügung:

- Verschlüsselungs-, Entschlüsselungsalgorithmus, Hashfunktion;
- Klartext, verschlüsselter Text, digitale Signatur;
- privater, öffentlicher, geheimer Schlüssel.

Dabei wird jeweils nur ein Teil der oben genannten Komponenten eingesetzt. Die Anwendungsfälle sind:

a) Ein Sender verschlüsselt symmetrisch, ein Empfänger entschlüsselt.

b) Ein Sender verschlüsselt asymmetrisch, ein Empfänger entschlüsselt.

c) Ein Sender signiert ein Dokument, ein Empfänger überprüft die Signatur.

(Lösung auf Seite 121)

Aufgabe 48 – Allgemeines über Sicherheit

Beantworten Sie die folgenden Fragen stichwortartig:

a) Nennen Sie mindestens drei Eigenschaften oder Zielsetzungen, die unter dem Begriff "Sicherheit" verstanden werden.

b) Was versteht man unter "Security through obscurity"?

c) Nennen Sie symmetrische und asymmetrische Verschlüsselungsverfahren.

d) Wie bezeichnet man die Schlüssel bei symmetrischen Verfahren, wie bei asymmetrischen Verfahren?

e) Bei welchem Angriff ist die Schlüssellänge von entscheidender Bedeutung?

f) Welche Funktionen werden für digitale Unterschriften verwendet?

g) Was verbirgt sich hinter dem Begriff "Nonce"?

(Lösung auf Seite 122)

Aufgabe 49 – Schlüssellänge

Ein Superrechner "Deep Thought" kann vielleicht einmal im Jahre 2050 pro Sekunde 10^{15} Schlüssel austesten. Ein neues symmetrisches Verschlüsselungsverfahren soll einem Brute-Force-Angriff von Deep Thought mindestens einen Tag widerstehen. Aus wie vielen Bits muss ein Schlüssel bestehen?

(Lösung auf Seite 123)

Aufgabe 50 – Wireless Equivalent Privacy

Einführende Erklärungen

Der erste Versuch ein Wireless-LAN-Netz zu verschlüsseln basierte auf dem Verfahren *Wireless Equivalent Privacy* (WEP). Dieses Verfahren gilt mittlerweile als sehr unsicher. Mit dieser Aufgabe soll ein bestimmter Angriff behandelt werden. Im Gegensatz zu den meisten Angriffen gegen die Vertraulichkeit soll hier ein Angriff gegen die Integrität von Rahmen durchgeführt werden.

Die Architektur der WEP-Verschlüsselung ist in der folgenden Abbildung dargestellt.

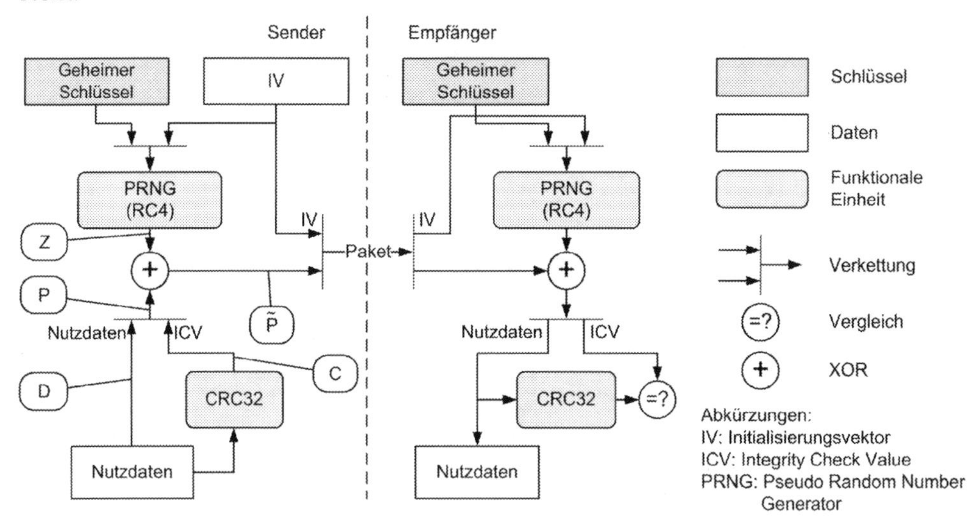

Abbildung 13: Architektur der WEP-Verschlüsselung

Aufgabe

Ein Angreifer fängt ein WEP-verschlüsseltes Paket ab und möchte unerkannt einige Bits des Pakets verändern. Die Bits an den Positionen, die verändert werden sollen, sind dem Angreifer im Klartext bekannt. Wie muss der Angreifer vorgehen, damit der Betrug unentdeckt bleibt, also insbesondere nicht durch eine falsche CRC-Prüfsumme auffällt?

Benutzen Sie folgende Notation:

- Sei $\oplus$ der XOR-Operator und $\|$ die Verkettung von Bitfolgen.
- Sei $P = D \| C$ das unverschlüsselte Paket mit D als Daten und $C = CRC(D)$ die CRC-Prüfsumme der Daten.
- Sei $\tilde{P} = \tilde{D} \| \tilde{C}$ das verschlüsselte Paket.
- Sei $\tilde{P}_2 = \tilde{D}_2 \| \tilde{C}_2$ das gesuchte verschlüsselte Paket, das statt P unerkannt eingeschleust werden soll.
- Sei $Z = Z_D \| Z_C$ die Pseudozufallsfolge mit den Anteilen Z_D für die Daten und Z_C für die Prüfsumme.

Nutzen Sie die Eigenschaft der *Linearität* der CRC-Prüfsumme:

$$CRC(X \oplus Y) = CRC(X) \oplus CRC(Y) \oplus CRC(0)$$

Der Zusatz $\oplus CRC(0)$ sieht erst einmal überflüssig aus, da bei der CRC-Prüfsummenberechnung, so wie wir sie in Aufgabe 13 (Seite 9) eingeführt haben, $CRC(0) = 0$ gilt. Allerdings wird durch diese Formel berücksichtigt, dass ein CRC-Startwert 1...1 verwendet wird (siehe Seite 9). Diese Formel ist somit allgemeiner als die häufig dargestellte Formel $CRC(X \oplus Y) = CRC(X) \oplus CRC(Y)$. WEP verwendet übrigens das Generatorpolynom CRC-32 (Seite 9), was allerdings zur Lösung dieser Aufgabe nicht von Bedeutung ist.

(Lösung auf Seite 123)

Aufgabe 51 – Die RSA-Verschlüsselung

Einführende Erklärungen

Die Schlüssel für RSA werden folgendermaßen berechnet:

- Der Empfänger wählt zwei beliebige Primzahlen p, q. Diese müssen geheim bleiben.
- Man berechnet $n = p \cdot q$, $\Phi(n) = (p-1) \cdot (q-1)$.
- Man wählt ein e mit $ggT(e, \Phi(n)) = 1$, $1 < e < \Phi(n)$.
- Man berechnet d mit $d = e^{-1} \bmod \Phi(n)$, d.h., d ist das multiplikativ Inverse von e, also $d \cdot e \bmod \Phi(n) = 1$.
- e, n werden an den Sender veröffentlicht.

Eine Klartextnachricht M (aufgefasst als natürliche Zahl) wird zu einer Nachricht C verschlüsselt über

$$C = M^e \bmod n$$

Der Empfänger entschlüsselt C zum Klartext M durch

$$M = C^d \bmod n$$

Aufgabe

a) Geben Sie für die Primzahlen $p = 3$, $q = 11$ ein RSA-Schlüsselpaar an. Wählen Sie dazu ein e mit $e \leq 6$.

b) Ein Sender, dem Sie den Schlüssel aus Teil a) gegeben haben, möchte die Nachricht $M = 15$ an Sie versenden. Welche verschlüsselte Nachricht C erhalten Sie?

c) Sie erhalten eine verschlüsselte Nachricht $C = 19$. Wie lautete die ursprüngliche Nachricht M?

d) Sie fangen eine Übertragung $C = 4$ ab und wissen, dass der öffentliche Schlüssel $(e, n) = (3, 15)$ ist. Versuchen Sie die Nachricht zu "knacken" und den Wert M des Klartextes zu ermitteln.

(Lösung auf Seite 123)

10 Namen und Namensdienste

Namen sind für Anwender wesentlich einfacher zu handhaben als Adressen. Deshalb gibt es Mechanismen, um Benutzern den Umgang mit symbolischen Namen zu ermöglichen. Im Internet ist das *Domain Name System* die wichtigste Anlaufstelle, um Rechneradressen anhand von Namen aufzulösen. Ressourcen wie Web-Seiten werden durch URLs repräsentiert, die neben dem Rechnernamen auch Protokolle, Verzeichnisse und Zugangsinformationen darstellen können.

Aufgabe 52 – Domain Name System (1)

Einführende Erklärungen

Durch das *Domain Name System* des Internets wird zu einem symbolischen Rechnernamen eine IP-Adresse ermittelt. Die Nameserver bilden dabei ein verteiltes Verzeichnis. Die folgende Abbildung zeigt beispielhaft den Ablauf bei einer Anfrage.

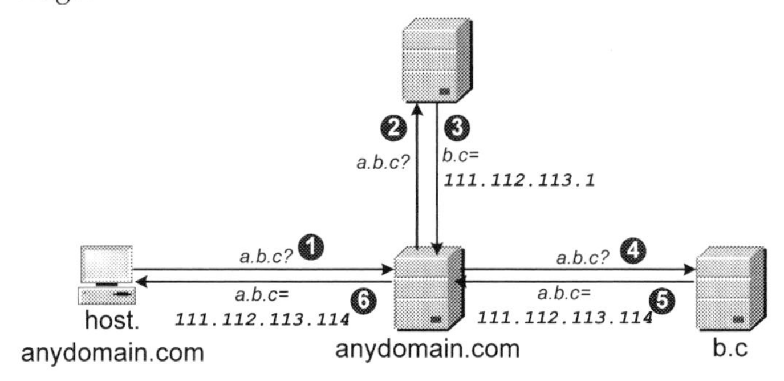

Abbildung 14: Notation der DNS-Anfragen und -Antworten

Dieses Beispiel dient nur zur Darstellung der Notation: Zu einer Anfrage (z.B. `a.b.c`?) gibt es jeweils eine Antwort der Form `Domain = IP-Adresse` (z.B. `b.c = 111.112.113.1`). Die Nummern an den Pfeilen geben zusätzlich die Reihenfolge der Nachrichten an. Man unterscheidet drei Antworttypen:

- *autoritativ* (Antwort 5): Diese werden gegeben, wenn ein Nameserver nach einem Namen gefragt wird, der in der lokalen Zonendatei aufgelistet ist.
- *iterativ* (Antwort 3): sind nicht die gewünschten Antworten, es wird aber ein "besserer" Nameserver vorgeschlagen (*forwarding*). Diese werden gegeben, wenn der Nameserver den gesuchten Namen nicht in der lokalen Zonendatei hat. Es wird nach dem größten Teilnamen (von rechts gelesen) gesucht,

für den ein Nameserver-Eintrag lokal vorliegt.

- *rekursiv* (Antwort 6): ist die gewünschte Antwort, der Nameserver hat diese aber unter Zuhilfenahme anderer Nameserver generiert. Aus der Sicht des Anfragers wird die Antwort direkt komplett geliefert (er sieht die weiteren Anfragen im Hintergrund nicht).

Lokale Nameserver sollten immer rekursive Antworten geben, da die Anfrager in der Regel iterative Antworten nicht verstehen. Root-Server geben keine rekursiven Antworten – das würde sie schnell überlasten.

Aufgabe

a) In der folgenden Situation möchte ein Host `host.pqr.de` die IP-Adresse des Hosts `www.xy.ab.eu` ermitteln. Es gibt 5 Nameserver, die die Antworttypen gemäß der folgenden Tabelle geben.

Tabelle 22: Antworttypen für die Nameserver

DNS für	pqr.de	root	eu	ab.eu	xy.ab.eu
Antworttyp	rekursiv	iterativ	rekursiv	iterativ	autoritativ

Alle Caches sind zunächst leer. Zeichnen Sie in die folgende Abbildung die Anfragen und Antworten gemäß der im Beispiel oben eingeführten Notation ein.

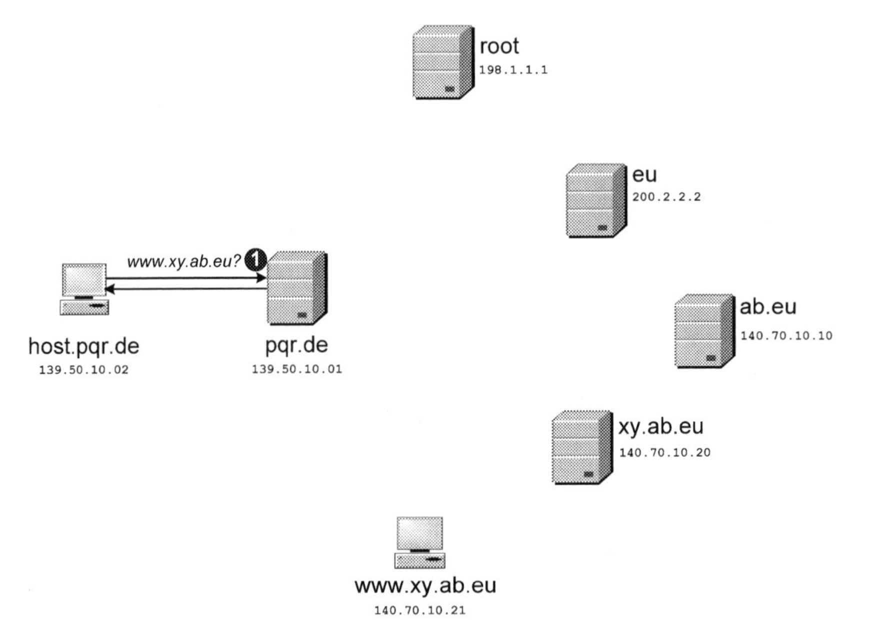

Abbildung 15: Ablauf eine DNS-Anfrage

b) Jetzt wird eine zweite Anfrage nach dem Rechner mail.xy.ab.eu durchgeführt. Gehen Sie davon aus, dass die Nameserver dieselben Antworttypen wie in Teil a) geben. Gehen Sie weiter davon aus, dass die Caches durch die in Teil a) durchgeführten Anfragen gefüllt wurden und diese Cache-Werte jetzt berücksichtigt werden. Zeichnen Sie in die folgende Abbildung die Anfragen und Antworten ein.

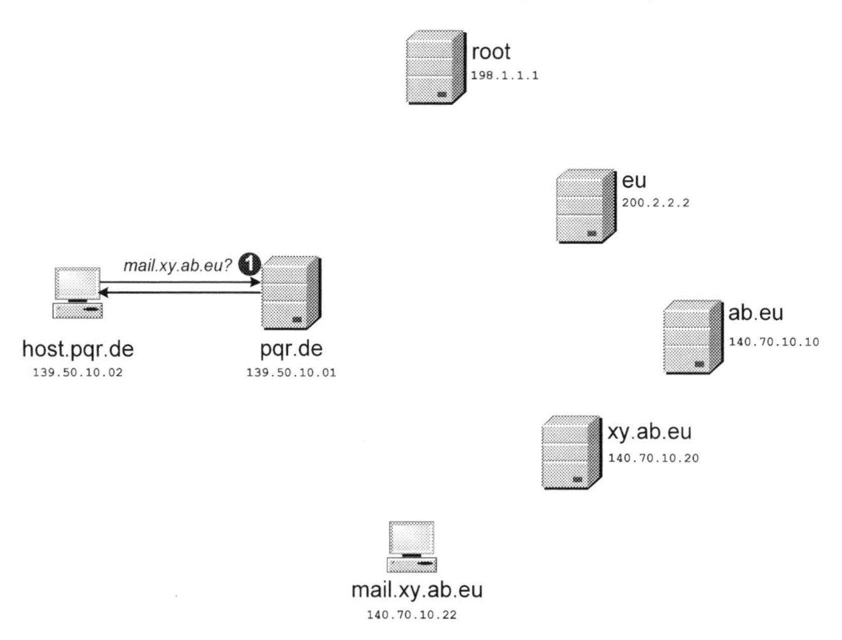

Abbildung 16: Ablauf einer weiteren DNS-Anfrage

(Lösung auf Seite 124)

Aufgabe 53 – Punycode

Einführende Erklärungen

Der *Punycode* zur Einbettung von internationalen Sonderzeichen in Domainnamen arbeitet wie folgt:

- Jedes Label (also jeder Namensbestandteil, zwischen den ".") wird separat kodiert.
- Labels *ohne* Sonderzeichen werden nicht modifiziert, damit man abwärtskompatibel zum traditionellen Verfahren bleibt.
- Labels *mit* Sonderzeichen werden durch "xn--" eingeleitet, gefolgt von dem Label, aus dem die Sonderzeichen entfernt wurden; danach folgt ein "-". Die

Zeichenkette endet mit einer Kodierung, die Auskunft über Position und Art der Sonderzeichen gibt.

Als Beispiel:

`www.nürnberg.de` ⟶ `www.xn--nrnberg-n2a.de`

Die Übersetzung findet ausschließlich auf dem anfragenden Host statt (üblicherweise im Web-Browser). Das Domain Name System bleibt unverändert und arbeitet ausschließlich mit den übersetzten Domainnamen (ohne Sonderzeichen).

Für die Kodierung wird jedem erlaubten Sonderzeichen ein Zeichencode zugeordnet (beginnend bei 128). Wir beschränken uns hier auf die deutschen Sonderzeichen:

Tabelle 23: Kodierung von Sonderzeichen

Zeichen	Code
Ä	196
Ö	214
Ü	220
ä	228
ö	246
ü	252
ß	223

Wir stellen die Umformung an einem Beispiel dar. Wir beschränken uns dabei auf ein einzelnes Label: `nürnberg-wöhrd`. Erst wird eine Zeichenkette ohne diese Sonderzeichen gebildet, also `nrnberg-whrd`. Diese Zeichenkette hat 13 Einfügepositionen für Sonderzeichen (von 0 - 12):

	n		**r**		**n**		**b**		**e**		**r**		**g**		**-**		**w**		**h**		**r**		**d**	
0		1		2		3		4		5		6		7		8		9		10		11		12

Abbildung 17: Mögliche Einfügepositionen für Sonderzeichen

Wir wählen das einzufügende Sonderzeichen mit dem *kleinsten Code*. Gibt es mehrere Zeichen mit demselben kleinsten Code, wählen wir das Zeichen, das am weitesten links steht. In unserem Beispiel ist das erste Zeichen das "ö" an Position 9.

Aus dem Zeichen-Code kombiniert mit der Einfügeposition ermitteln wir eine Zahl gemäß dem folgenden Schema:

Tabelle 24: Kombinierte Definition von Einfügeposition und Sonderzeichen

Code	n	r	n	b	e	r	g	-	w	h	r	d	
128	0	1	2	3	4	5	6	7	8	9	10	11	12
129	13	14	15	16	17	18	19	20	21	22	23	24	25
...	...												
245	1521	1522	1523	1524	1525	1526	1527	1528	1529	1530	1531	1532	1533
246:ö	1534	1535	1536	1537	1538	1539	1540	1541	1542	**1543**			

Die Tabellezeilen beginnen bei 128 (dem kleinsten Code für Sonderzeichen) und enden mit dem Code des fraglichen Sonderzeichens (hier 246 für "ö").

Wir führen jetzt gedanklich diese Einfügung aus (d.h. wir haben danach 14 Einfügepositionen). Wir wählen das nächste Sonderzeichen (bei uns das "ü") und ermitteln wiederum einen Code. Allerdings beginnen wir die Zählung jetzt nicht mehr links oben (d.h. beim Code 128 und Position 0) sondern bei der letzten Einfügeposition. Aus diesem Grund müssen die einzufügenden Sonderzeichen auch gemäß Code und Position sortiert werden. Es ergibt sich folgendes Schema.

Tabelle 25: Kombinierte Definition von Einfügeposition und zweites Sonderzeichen

Code	n	r	n	b	e	r	g	-	w	ö	h	r	d	
246:ö											0	1	2	3
247	4	5	6	7	8	9	10	11	12	13	14	15	16	17
...	...													
251	60	61	62	63	64	65	66	67	68	69	70	71	72	73
252:ü	74	**75**												

Wären noch mehr Sonderzeichen übrig, würden wir den letzten Punkt solange wiederholen, bis alle abgearbeitet sind. In unserem Beispiel sind wir jetzt fertig.

Wir haben jetzt eine Reihe von Zahlen erhalten (in unserem Fall die zwei Zahlen 1543, 75); allgemein gibt es pro einzufügendem Sonderzeichen eine Zahl. Diese Zahlen werden durch die Zeichen "a"-"z" und "0"-"9" repräsentiert, die folgendermaßen kodiert sind:

Tabelle 26: Punycode-Kodierung der Zahlenwerte

a	b	c	d	e	f	g	h	i	j	k	l	m	n	o	p	q	r
0	1	2	3	4	5	6	7	8	9	10	11	12	13	14	15	16	17
s	**t**	**u**	**v**	**w**	**x**	**y**	**z**	**0**	**1**	**2**	**3**	**4**	**5**	**6**	**7**	**8**	**9**
18	19	20	21	22	23	24	25	26	27	28	29	30	31	32	33	34	35

Zur Darstellung könnte prinzipiell eine 36-adische Entwicklung verwendet werden, also Wert = $\Sigma a_i \cdot 36^i$ für eine Folge von Ziffern a_i. Allerdings müsste man bei aufeinander folgenden Zahlen ein Trennzeichen einfügen (z.B. das "-"), d.h. für n kodierte Zahlen würde man n-1 zusätzliche Trennzeichen benötigen.

Um diese Trennzeichen zu vermeiden, wird ein anderes Verfahren gewählt: Für jede Stelle i wird eine *Wertigkeit* w_i und ein *Schwellwert* t_i definiert. Der Gesamtwert einer Teilfolge von Ziffern a_i ergibt sich analog zur b-adischen Entwicklung dann zu $\Sigma a_i \cdot w_i$, wobei nur für die letzte Ziffer $a_i < t_i$ gilt. Arbeitet man also eine Zeichenkette ab, kann man anhand von $a_i < t_i$ erkennen, dass eine Zahl zu Ende ist und mit dem nächsten Zeichen die neue Zahl beginnt. Dadurch wird das Trennzeichen vermieden. Die w_i sind jetzt nicht 36^i, sondern können auch kleinere Werte annehmen. Man kann zeigen, dass man jeden Zahlenwert auch unter diesen Bedingungen darstellen kann und in der Regel weniger Zeichen benötigt als mit der 36-adischen Entwicklung mit Trennzeichen.

Die w_i und t_i werden in dem Punycode-Verfahren nach einem komplizierten Verfahren pro Schritt (d.h. sowohl bei jeder Ziffer als auch bei jeder Zahl) geändert. Für Domainnamen mit einem *einzelnen Sonderzeichen* ergibt sich allerdings folgende Vereinfachung (die aber nur in den *meisten* Fällen zutrifft): $w_i = 35^i$, $t_i = 1$, d.h.

- der Wert der Zahl ergibt sich durch eine 35-adische Entwicklung (wobei die 1er-Stelle links und die höchstwertige Stelle rechts erscheinen).
- die Zahl ist zu Ende, wenn das Zeichen "a" erscheint.

Für unser Beispiel mit zwei Sonderzeichen gilt diese Vereinfachung nicht. Es ergibt sich (ohne Herleitung) die Zeichenfolge `djb9e`. Hierbei gilt:

- `djb` hat die Ziffernwerte (3, 9, 1) und den Gesamtwert $3+9\cdot 35+1\cdot 35^2 = 1543$
- `9e` hat die Ziffernwerte (35, 4) und den Gesamtwert $35+4\cdot 10 = 75$ (d.h. die Basis wurde hier für die zweite Zahl von 35 auf 10 umgestellt).

Aufgabe

a) Geben Sie die Punycode-Darstellung der Domäne `www.wöhrd.de` an.

b) Welche Umlaut-Domäne verbirgt sich hinter `www.xn--netzwrk-e1a.com`?

(Lösung auf Seite 125)

Aufgabe 54 – Domain Name System (2)

Beantworten Sie die folgenden Fragen stichwortartig:

a) Woraus besteht das Domain Name System des Internets?

b) Nennen Sie die syntaktischen Regeln für den Aufbau gültiger Domainnamen.

c) Nennen Sie Kategorien, nach denen man Toplevel-Domains einteilen kann.

d) Nennen Sie einige Toplevel-Domains.

e) Nennen Sie einige inhaltliche Konventionen für Domainnamen.

f) Beschreiben Sie den DNS-Auflösungsmechanismus.

g) Nennen Sie die wichtigsten DNS-Recordtypen.

h) Nennen Sie die Antwort-Typen von Nameservern.

(Lösung auf Seite 126)

Aufgabe 55 – URIs, URNs, URLs

Beantworten Sie die folgenden Fragen stichwortartig:

a) Beschreiben Sie, was URIs, URNs und URLs sind.

b) Beschreiben Sie den Aufbau von URLs.

c) Geben Sie die wichtigsten Protokoll-Einträge von URLs an.

d) Geben Sie für die wichtigsten Protokolle Beispiele für komplette URLs an. Versuchen Sie dabei die maximale Anzahl unterstützter Felder für ein Protokoll abzudecken.

(Lösung auf Seite 127)

11 Peer-to-Peer-Netzwerke

Das Peer-to-Peer-Paradigma ist für bestimmte Anwendungen sehr attraktiv. Stehen nicht Geschäftmodelle, sondern die effiziente, dezentrale Verwaltung von Ressourcen im Vordergrund, hat der Peer-to-Peer-Ansatz gegenüber zentralisierten Architekturen verschiedene Vorteile. In diesem Kapitel sollen die allgemeine Peer-to-Peer-Idee und ein konkretes Peer-to-Peer-Protokoll behandelt werden.

Aufgabe 56 – Peer-to-Peer vs. Client-Server

Tragen Sie möglichst viele Unterschiede zwischen dem Client-Server- und dem Peer-to-Peer-Paradigma zusammen.

(Lösung auf Seite 128)

Aufgabe 57 – Chord (1)

Einführende Erklärungen

Chord ist ein prominenter Vertreter eines Peer-to-Peer-Protokolls, das auf der Idee der *Distributed Hashtable* (DHT) basiert. Die Idee von DHTs ist wie folgt:

- Eine Menge von Ressourcen (z.B. Dateien) ist verteilt gespeichert, d.h. jeder Rechner des Netzwerk speichert nur einen kleinen Anteil aller Ressourcen.
- Jeder Ressource i ist ein Schlüssel Key_i zugeordnet, z.B. indem eine kryptographische Hashfunktion auf den Dateinamen angewendet wird.
- Eine Distributed Hashtable bildet jeden Schlüssel auf die Rechneradresse ab, unter der diese Ressource gespeichert ist.
- Jeder Rechner speichert nur einen Teil der gesamten Hashtable.

Möchte ein Rechner auf eine bestimmte Ressource zugreifen, so muss er erst den Rechner finden, der den entsprechenden Ausschnitt der Hashtable speichert. Erst dann erfährt er die Rechneradresse unter der die Ressource zugreifbar ist.

Chord setzt die Idee der Distributed Hashtable wie folgt um:

- Es gibt im Wesentlichen die Operationen
  - `insert(key, adr)`: Generieren eines Eintrags
  - `lookup(key)` → `adr`: Suchen nach Eintrag
  - `join(adr)`, `leave(adr)`: Eintreten, Verlassen
- Schlüssel und Rechneradressen werden über eine Hashfunktion auf eine Menge $[0,2^m-1]$ abgebildet.

- Jeder Rechner ist für eine zusammenhängende Teilmenge [start, end] $\subseteq$ $[0,2^m-1]$ zuständig (mod 2^m). Hierbei bildet sich end aus dem Hashwert der eigenen Rechneradresse. Der start-Wert ist end+1 des Nachbarn mit dem nächstkleineren Bereich.
- Jeder Rechner verwaltet eine *Fingertabelle,* die einen Bereich finger.start … finger.end auf eine Rechneradresse node abbildet. Diese Tabelle wird für Werte $k \in \{1,\dots m\}$ wie folgt belegt:
  - o finger[k].start = $end+2^{k-1} \bmod 2^m$
  - o finger[k].end = $end+2^k-1 \bmod 2^m$
  - o finger[k].node = erstes n mit finger[k].start≤n.end

Die Verweise sind in der folgenden Abbildung dargestellt.

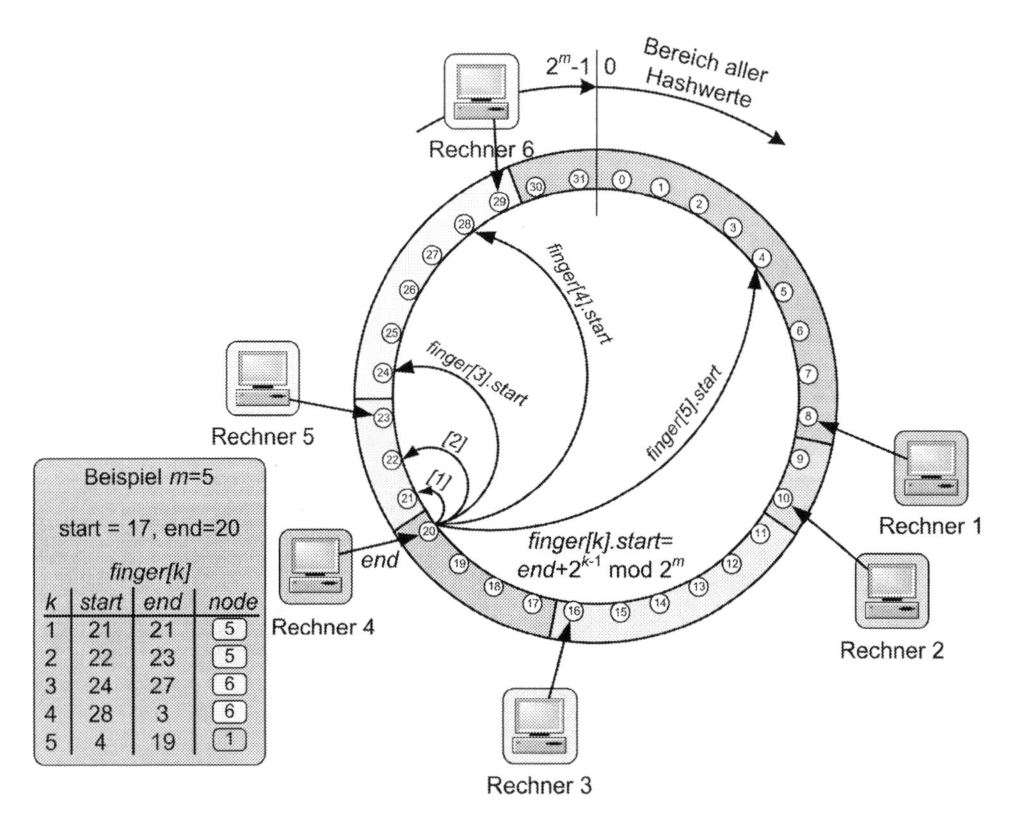

k	start	end	node
1	21	21	5
2	22	23	5
3	24	27	6
4	28	3	6
5	4	19	1

Abbildung 18: Aufbau der Chord-Finger-Tabelle

Die Operation `lookup(key)` → `adr` wird wie folgt realisiert:

- Setze adr auf die Rechneradresse des Rechners, der die Suche ausführt.
- *Schleifenanfang*: Wenn key ∈ [adr.start, adr.end]: fertig (Rechner adr hat den gesuchten Hasheintrag).
- Suche das k mit key ∈ [adr.finger[k].start, adr.finger[k].end] – hierzu muss man Kontakt zu Rechner adr aufnehmen.
- Setze adr ← adr.finger[k].node, gehe zum Schleifenanfang.

Tritt ein neuer Rechner dem Netzwerk bei (`join`), belegt er einen Bereich [start, end], der bisher von einem anderen Rechner verwaltet wurde. Die entsprechenden Einträge müssen von diesem kopiert werden. Darüber hinaus müssen alle Finger-Einträge anderer Rechner, die auf diesen Bereich verweisen, aktualisiert werden.

Aufgabe

In einem Chord-P2P-Netzwerk sei m = 5, d.h. die Hashwerte sind aus [0,...31]. Es nehmen 4 Rechner an dem Netzwerk teil. Die Hashwerte der Rechneradressen sind:

- Rechner A: 8
- Rechner B: 24
- Rechner C: 12
- Rechner D: 29

a) Vervollständigen Sie die folgende Tabelle, indem Sie die Einträge zur Spalte "start" festlegen.

Tabelle 27: Zugeordnete Index-Bereiche

Rechner	start	end
A		8
B		24
C		12
D		29

b) Bei der Suche nach einem Hashwert konsultiert ein Rechner seine Finger-Tabelle. Dort findet er zu Hashwerten einen geeigneten Rechner, der bei der Suche als nächstes gefragt werden soll. Ein Tabelleneintrag besteht aus

- k: der Index des Tabelleneintrags;
- start, end: der Teilbereich aller Hashwerte, für die ein anderer Rechner abgefragt wird;
- node: die Rechneradresse, die bei Hashwerten aus dem Bereich start…end als nächstes abgefragt wird.

Vervollständigen Sie die Finger-Tabellen für die Rechner A und C.

Tabelle 28: Finger-Tabellen von Rechner A und C

A			
k	**start**	**end**	**node (Rechner)**
1	9	9	
2			
3			
4			
5			

C			
k	**start**	**end**	**node (Rechner)**
1			
2			
3			
4			
5			

(Lösung auf Seite 129)

Aufgabe 58 – Die Peer-to-Peer-Idee

Beantworten Sie die folgenden Fragen stichwortartig.

a) Nennen Sie mögliche Anwendungsbeispiele für Peer-to-Peer-Netze.

b) Beschreiben Sie die Idee der Distributed Hashtables.

c) Geben Sie die Laufzeit-Komplexität der Chord-Operationen `join` und `lookup` an.

(Lösung auf Seite 130)

Aufgabe 59 – Chord (2)

In einem Chord-P2P-Netzwerk sei m = 5, d.h. die Hashwerte sind aus [0,...31]. Es nehmen 4 Rechner an dem Netzwerk teil. Die Hashwerte der Rechneradressen sind:

- Rechner 1: 10
- Rechner 2: 23
- Rechner 3: 12
- Rechner 4: 29

a) Stellen Sie die Finger-Tabellen für alle 4 Rechner auf.

b) Rechner 2 möchte gerne die Datei mit dem Hashwert 11 laden. Stellen Sie die Anfragen dar, die zur Suche der entsprechenden Rechneradresse notwendig sind.

c) Führen Sie eine analoge Suche von Rechner 3 nach Hashwert 30 aus.

(Lösung auf Seite 131)

12 Die Übertragung strukturierter Daten

Möchte eine Anwendung strukturierte Daten über ein Netzwerk übertragen, entsteht ein Problem. Lokale Umgebungsbedingungen, die eine Anwendung in ihrem lokalen Adressraum vorfindet (z.B. die binäre Darstellung von Basisdatentypen), werden nicht ohne Weiteres durch den Kommunikationskanal abgebildet. In diesem Kapitel sollen einige Mechanismen zur Übertragung strukturierter Daten behandelt werden.

Aufgabe 60 – Base64

Einführende Erklärungen

Mit *Base64* können beliebige Binärdaten als Zeichenketten kodiert werden. Da druckbare Zeichen verwendet werden, kann man so Binärdaten als Texte z.B. in Emails oder über HTTP übertragen.

Der Eingabestrom wird in 24-Bit-Blöcke zerlegt, die durch jeweils vier 6-Bit-Worte dargestellt werden. Ein 6-Bit-Wort wird durch ein Zeichen der folgenden Tabelle kodiert.

Tabelle 29: Darstellung von 6-Bit-Blöcken in Base64

0	**1**	**2**	**3**	**4**	**5**	**6**	**7**	**8**	**9**	**10**	**11**	**12**	**13**	**14**	**15**
A	B	C	D	E	F	G	H	I	J	K	L	M	N	O	P
16	**17**	**18**	**19**	**20**	**21**	**22**	**23**	**24**	**25**	**26**	**27**	**28**	**29**	**30**	**31**
Q	R	S	T	U	V	W	X	Y	Z	a	b	c	d	e	f
32	**33**	**34**	**35**	**36**	**37**	**38**	**39**	**40**	**41**	**42**	**43**	**44**	**45**	**46**	**47**
g	h	i	j	k	l	m	n	o	p	q	r	s	t	u	v
48	**49**	**50**	**51**	**52**	**53**	**54**	**55**	**56**	**57**	**58**	**59**	**60**	**61**	**62**	**63**
w	x	y	z	0	1	2	3	4	5	6	7	8	9	+	/

Bezüglich der Länge der Binärdaten ergeben sich folgende Fälle:

- Es fehlt ein Byte, um auf eine durch drei teilbare Anzahl zu kommen: es werden zwei 0-Bits angefügt; der letzte Block hat damit 18 Bits, die über 3 Zeichen kodiert werden. Zusätzlich fügt man ein "=" an das Resultat an.
- Es fehlen zwei Bytes, um auf eine durch drei teilbare Anzahl zu kommen: es werden vier 0-Bits angefügt; der letzte Block hat damit 12 Bits, die über 2 Zeichen kodiert werden. Zusätzlich fügt man "==" an das Resultat an.
- Die Zahl der Bytes ist durch drei teilbar: die Kodierung erfolgt ohne Zusatz.

Aufgabe

a) Kodieren Sie folgende Strings mit Base64. Die einzelnen Zeichen sind ASCII-7-Bit kodiert, ohne 0-Terminierung, abgelegt mit 1 Byte/Zeichen:

- `ABCD`
- `abcde`

b) Dekodieren Sie die folgenden Base-64-Nachrichten:

- `QW50d29ydA==` (das 4. Zeichen ist eine Null)
- `UmVjaG5lcm5ldHpl` (das 8., 5.-letzte und letzte Zeichen sind ein kleines "`l`")

Zur Abbildung der ASCII-Codes auf die Zeichen verwenden Sie folgende Tabelle.

Tabelle 30: ASCII-Tabelle der druckbaren Zeichen

Nr.	Zchn	Nr.	Zchn	Nr.	Zchn	Nr.	Zchn	Nr.	Zchn	Nr.	Zchn
32	blank	48	0	64	@	80	P	96	`	112	p
33	!	49	1	65	A	81	Q	97	a	113	q
34	"	50	2	66	B	82	R	98	b	114	r
35	#	51	3	67	C	83	S	99	c	115	s
36	$	52	4	68	D	84	T	100	d	116	t
37	%	53	5	69	E	85	U	101	e	117	u
38	&	54	6	70	F	86	V	102	f	118	v
39	'	55	7	71	G	87	W	103	g	119	w
40	(	56	8	72	H	88	X	104	h	120	x
41	)	57	9	73	I	89	Y	105	i	121	y
42	*	58	:	74	J	90	Z	106	j	122	z
43	+	59	;	75	K	91	[	107	k	123	{
44	,	60	<	76	L	92	\	108	l	124	|
45	-	61	=	77	M	93	]	109	m	125	}
46	.	62	>	78	N	94	^	110	n	126	~
47	/	63	?	79	O	95	_	111	o		

(Lösung auf Seite 132)

Aufgabe 61 – Darstellung von Daten

Beantworten Sie die folgenden Fragen stichwortartig.

a) Nennen Sie einige Probleme bei der Darstellung von Anwendungsdaten auf Übertragungswegen.

b) Nennen Sie Vorteile von dem Verpacken von Daten als Text. Was sind die Nachteile?

c) Wie werden MIME-Typen klassifiziert. Welche Basistypen kennen Sie? Nennen Sie Beispiele für MIME-Typen.

d) Erläutern Sie das Request-Response-Paradigma am Beispiel von SMTP.

(Lösung auf Seite 132)

Aufgabe 62 – V-Formate

Einführende Erklärungen

Die so genannten *V-Formate* sind entwickelt worden, um strukturierte Daten im mobilen Umfeld zu übertragen. Die populärsten V-Formate sind:

- *vCard*: elektronische Visitenkarten, Adressen, Telefonnummern
- *vCalendar*: Kalendereinträge

Die Formate sind wie folgt aufgebaut:

- Alle Objekte werden als Text dargestellt.
- Objekte sind in `BEGIN:`*xxx* und `END:`*xxx* eingeschlossen (*xxx* ist z.B. `VCARD`).
- In einem Objekt befinden sich Einträge der Form

  Eigenschaftsname;Param$_1$*...;Param*$_n$*:Wert*

  z.B. `TEL:PREF:WORK:VOICE:+49 911 5880 1169`

- Jeder Eintrag umfasst eine Zeile; sind mehrere Zeilen erforderlich, muss der Zeilentrenner `\` oder `=0D=0A` verwendet werden.

Ein Beispiel einer vCard sieht folgendermaßen aus:

```
BEGIN:VCARD
VERSION:2.1
N:CHARSET=ISO-8859-1:Roth;Jörg
ADR:;: Computer Science Department\
Kesslerplatz 12:Nuremberg;;90489:Germany
ORG:University of Nuremberg
TEL:PREF:WORK:VOICE:+49 911 5880 1169
TEL:WORK:FAX:+49 911 5880 5666
EMAIL:WORK:INTERNET:Joerg.Roth@Ohm-hochschule.de
UID:1900581
END:VCARD
```

Beim vCalendar-Format sollten insbesondere Wiederholungseinträge möglich sein, um regelmäßig wiederkehrende Ereignisse ausdrücken zu können. Feste Zeitpunkte werden im Format

<Jahr><Monat><Tag>T<Stunde><Minute><Sekunde>

angegeben. Sollen nur Tage ohne Uhrzeit beschrieben werden, wird der Bereich ab "T" weggelassen. Wiederholungseinträge sind beispielhaft in der folgenden Tabelle dargestellt:

Tabelle 31: Kodierung der Wiederholungseinträge im vCalendar-Format

Zeichenkette	**Bedeutung**
D1 #10	täglich für 10 Tage
D1 20101231	täglich bis zum 31.12.2010
D2 #0	jeden 2. Tag, für immer
W1 #10	jede Woche, 10 Wochen lang
W2 MO FR 20101231	jede 2. Woche montags und freitags, bis zum 31.12.2010
MP1 1+ FR #0	jeden 1. Freitag im Monat, für immer
MP1 1- MO #0	jeden letzten Montag im Monat, für immer
MD1 4+ #0	jeder 4. im Monat, für immer
MD1 1- #0	jeder Monatsletzte im Monat, für immer
YD3 2 #10	alle drei Jahre am 2. Jan. (2. Tag im Jahr), für 10 Jahre
YM1 3 #5	jedes Jahr im März (3. Monat), für 5 Jahre

Einzelne Termine, regelmäßige Wiederholungen sowie Listen von Ausnahmen können kombiniert werden. Hierzu bietet vCalendar folgende Notation an.

Tabelle 32: vCalendar-Notation für die Kombination von Termineinträgen

vCalendar Eigenschafts-name	**Bedeutung**
DTSTART	Erster Zeitpunkt des Ereignisses
DTEND	Letzter Zeitpunkt des Ereignisses
RDATE	Explizite Liste von Tagen, an denen ein Ereignis eintritt
RRULE	Wiederholungseinträge gemäß einer Wiederholungsregel
XDATE	Tage, die Ausnahmen von der Wiederholungsregel darstellen
XRULE	Ausnahmeregeln für Wiederholungsregeln

Ein Beispiel eines vCalendar-Eintrags sieht folgendermaßen aus:

```
BEGIN:VCALENDAR
VERSION:1.0
BEGIN:VEVENT
DTSTART:20101231
RRULE:MD12 #0
DESCRIPTION:Silvester
UID:6201394
END:VEVENT
END:VCALENDAR
```

Aufgabe

a) Geben Sie für folgende Person eine vCard an:

- Fritz Mustermann, Netzweg 1a, 99999 Nirwana
- arbeitet bei NetComp
- Telefon (dienstlich): 0123/4567; Telefon (privat): 0123/890, Fax: 0123/111
- E-Mail: fritz.mustermann@netcomp.com

b) Geben Sie für folgendes Ereignis ein vCalendar-Objekt an:

Jeden 2. Freitag im Monat, vom 14. Mai 2010, die folgenden 10 Monate, außer am 11. Juni, jeweils von 18:00-19:00 Uhr: "Tennis".

(Lösung auf Seite 133)

Aufgabe 63 – Javas Object Serialization

Einführende Erklärungen

Die Programmiersprache Java bietet ein komfortables Verfahren genannt *Object Serialization*, um beliebige Objekte über ein Netzwerk transportieren zu können. Java kennt dabei die Struktur von Objekten und kann sequentiell alle Variablen eines Objektes serialisieren. Hierbei geht Java wie folgt vor:

- Durchlaufe alle Variablen des Objektes.
- Eine Variable von einem elementaren Datentyp (z.B. `int`, `boolean`) wird anhand eines festen Schemas serialisiert, das Typ und Inhalt kodiert.
- Ist die Variable wieder ein Objekt, so wird die Serialisierung rekursiv auf dieses Objekt angewendet. Hierbei wird die Klasse des Objektes notiert.

- Wird beim rekursiven Abstieg ein Objekt gefunden, das schon einmal serialisiert wurde, wird dieses nicht noch einmal serialisiert, sondern nur die Objektkennung gesendet. Dadurch können auch zirkular verzeigerte Strukturen serialisiert werden.

Wir erläutern das Vorgehen an einem Beispiel:

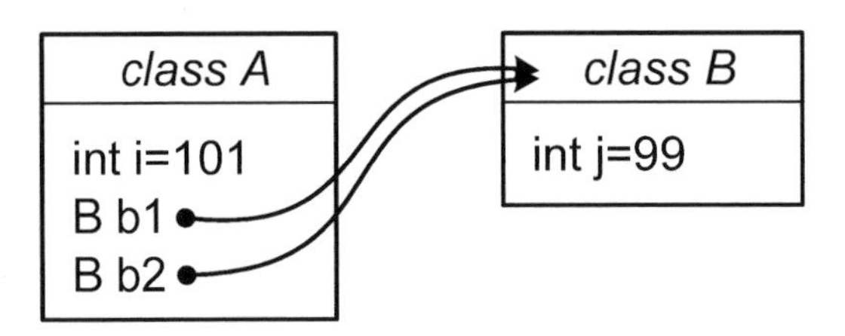

Abbildung 19: Beispiel für die Objekt-Serialisierung

Ein Objekt der Klasse A soll serialisiert werden. Es hat drei Variabeln, wovon zwei mit derselben Instanz der Klasse B belegt sind. Die Übertragung wird in der folgenden Tabelle dargestellt.

Tabelle 33: Übertragung eines serialisierten Objektes

Daten	Bedeutung
AC ED	Magiccode für Object Stream
00 05	Versionskennung des Formats
73	TC_OBJECT
72	TC_CLASSDESC
00 01 41('A')	Klassenname "A"
EB 95 02 49 8E FC C3 93	Handle
02	Flags: SC_SERIALIZABLE
00 03	Anzahl der Variablen im Objekt
49('I')	Basistyp int
00 01 69('i')	Variablenname "i"
4C('L')	Kein Basistyp sondern Objekt
00 02 62('b') 31('1')	Variablenname "b1"
74	TC_STRING
00 03 4C('L') 42('B') 3B(';')	Klassendeskriptor: "L": non-array, "B": Klassenname, ";" wird immer angefügt
4C('L')	Kein Basistyp sondern Objekt
00 02 62('b') 32('2')	Variablenname "b2"
71	TC_REFERENCE
00 7E 00 01	Referenz auf Klassenname "B"

78	TC_ENDBLOCKDATA
70	TC_NULL
00 00 00 65(101dez)	integer 101
73	TC_OBJECT
72	TC_CLASSDESC
00 01 42('B')	Klassenname "B"
99 36 81 B8 06 0C E9 B8	Handle
02	Flags: SC_SERIALIZABLE
00 01	Anzahl der Variablen im Objekt
49(I)	Basistyp int
00 01 6A('j')	Variablenname "j"
78	TC_ENDBLOCKDATA
70	TC_NULL
00 00 00 63(99dez)	integer 99
71	TC_REFERENCE
00 7E 00 04	Referenz auf Objekt

Dieses Beispiel soll nur einen groben Eindruck der Funktionsweise der Objekt-Serialisierung vermitteln und nicht das Format komplett beschreiben.

Aufgabe

Sie empfangen folgende Bytes über einen ObjectInputStream von Java:

Tabelle 34: Übertragung eines serialisierten Objektes (Aufgabe)

Daten	Bedeutung
AC ED	
00 05	
73	
72	
00 06 41('A') 43('C') 6C('l') 61('a') 73('s') 73('s')	
8B 30 8E B8 FD 86 20 55	
02	
00 01	
49('I')	
00 05 61('a') 6E('n') 49('I') 6E('n') 74('t')	
78	
70	
00 00 00 16	

Wie könnte die Klasse der Instanz aussehen? Welche Belegung hatten die Variablen dieser Instanz?

(Lösung auf Seite 134)

Aufgabe 64 – XML (1)

a) Definieren Sie eine XML-Datei, die Informationen über Kinofilme speichert. Sie soll die folgenden Informationen enthalten:

- Titel,
- Jahr der Produktion,
- Hauptdarsteller,
- Fortsetzung, wenn vorhanden.

Die XML-Datei soll die folgenden Einträge speichern:

- *Die dunkle Bedrohung* (1999), Liam Neeson, Ewan McGregor, Natalie Portman
- *Angriff der Klonkrieger* (2001), Ewan McGregor, Natalie Portman, Hayden Christensen
- *Die Rache der Sith* (2005), Ewan McGregor, Natalie Portman, Hayden Christensen

Der zweite und dritte Film sind Fortsetzungen des ersten bzw. zweiten Films.

b) Die XML-Datei hat u.U. noch viele doppelte Einträge von z.B. Schauspielern. Wie könnte man die XML-Datei so formulieren, dass möglichst keine Redundanzen vorhanden sind.

(Lösung auf Seite 135)

Aufgabe 65 – XML (2)

Erzeugen Sie die passenden XML-Schema-Dateien zu den XML-Dateien aus Aufgabe 64 (Seite 135).

(Lösung auf Seite 137)

13 Die Entwicklung verteilter Systeme

Anwendungen nutzen bestimmte Primitive um eine Kommunikation abzuwickeln. Diese können direkt auf der Transportschicht aufsetzen (z.B. Sockets) – mittlerweile sind jedoch auch verschiedene Varianten des entfernten Methoden- oder Prozeduraufrufs in fast allen gängigen Programmiersprachen verfügbar. In diesem Kapitel werden verschiedene Alternativen behandelt, die ein Anwendungsentwickler zur Kommunikation nutzen kann.

Aufgabe 66 – Sockets

Schreiben Sie zwei Java-Programme, die über Sockets kommunizieren:

- Ein Programm `Server.java` öffnet einen Server-Socket, nimmt zwei int-Werte entgegen, multipliziert diese und sendet einen int-Wert mit dem Produkt zurück.
- Ein Programm `Client.java` verbindet zu dem Server-Socket, sendet zwei int-Werte und empfängt als Antwort das Produkt beider Zahlen.

(Lösung auf Seite 139)

Aufgabe 67 – XML-RPC

Ein fernes Objekt obj definiert die Methode

```
int doAction(int i, String s, int[] ar)
```

a) Über XML-RPC wird ein Aufruf mit den Parametern `i=50`, `s="hallo"` und `ar=[5, 6, 99]` gemacht. Wie sieht die entsprechende HTTP-Anforderung aus?

b) Wie sieht eine HTTP-Antwort mit dem Rückgabewert 123 aus.

(Lösung auf Seite 141)

Aufgabe 68 – Webservices (1)

Beantworten Sie die folgenden Fragen stichwortartig.

a) Was ist die Motivation für Webservices?

b) Welche Typen von Webservices kann man unterscheiden?

c) Nennen Sie die Schritte bei der Generierung von Laufzeitkomponenten von Webservices mit SOAP/WDSL.

d) Beschreiben Sie den REST-Ansatz.

(Lösung auf Seite 142)

Aufgabe 69 – CORBA

Schreiben Sie zwei Java-Programme, die über CORBA kommunizieren:

- Ein Server bietet eine entfernte Methode `public int mult(int a, int b)`, die zwei Zahlen multipliziert.
- Ein Client nutzt diese Methode.
- Stellen Sie neben den Programmen auch die Interface-Beschreibung (IDL-Datei) dar.
- Trennen Sie beim Server die angebotene Methode von dem Teil, der die CORBA-Umgebung aufbaut.

(Lösung auf Seite 143)

Aufgabe 70 – Webservices (2)

Schreiben Sie zwei Java-Programme, die über Webservice kommunizieren:

- Ein Server bietet eine entfernte Methode `public int mult(int a, int b)`, die zwei Zahlen multipliziert.
- Ein Client nutzt diese Methode.
- Nutzen Sie die Java Annotations `@WebService` und `@WebServiceRef`, um den Code möglichst kompakt zu gestalten.

(Lösung auf Seite 145)

Aufgabe 71 – Webservices (3)

Eine Webservice-Anwendung soll die Bestellung in einem Online-Warenhaus abwickeln. Hierzu gibt es folgende Ressourcen:

- Warenkörbe, identifiziert durch eine eindeutige Warenkorb-Nummer;
- Artikel, identifiziert durch eine eindeutige Artikel-Nummer.

Der Anwender soll folgende Funktionen durchführen können:

- Abfragen des Warenkorbs;
- Legen eines Artikels in den Warenkorb;
- Löschen eines Artikels aus dem Warenkorb;

- Abfragen eines Artikels;
- Hinzufügen eines Rezensionstextes zu einem Artikel;
- "Zur Kasse gehen" mit dem aktuellen Warenkorb.

Die Realisierung soll mit einem REST-Webservice erfolgen. Geben Sie eine mögliche Zuordnung der HTTP-Kommandos zu Funktionen an. Definieren Sie auch, wie die Ressourcen in den Anfragen bezeichnet werden könnten.

(Lösung auf Seite 146)

14 Lösungen

Lösung zu Aufgabe 1

(Aufgabe auf Seite 1)

a)

- Dedizierte Kabel (Koaxkabel, Twisted Pair)
- Vorhandene Kabel (Stromkabel, Kabel TV, Telefonleitung)
- Terrestrischer Funk
- Satellitenfunk
- Infrarotlicht
- Lichtwellenleiter
- Laser

b)

- Home-Banking
- Online-Einkauf
- Nachschauen von Plänen des Nah-, Fern- und Flugverkehrs, Ticketbuchung
- Kino-Programm abrufen
- Stundenplan der Hochschule nachsehen
- Kontakt zum Dozenten per Email aufnehmen
- Download von Vorlesungsfolien
- Videoconferencing
- Recherche zu wissenschaftlichen Themen
- Nachschlagewerke konsultieren
- Übersetzung Deutsch – Englisch
- Wetterbericht abrufen

c) Die folgende Tabelle ist bei weitem nicht vollständig.

Tabelle 35: Beispiele für Netzwerk-Technologien

Technologie	Gruppe
Ethernet, WLAN, Token Ring, ATM	Technologien der Schichten 1 und 2
GSM, UMTS	Übertragungstechnologien des Mobilfunks
IP	Internet-Protokoll der Vermittlungsschicht
TCP, UDP	Internet-Protokolle der Transportschicht
HTTP, SMTP, NNTP, FTP, Telnet	Internet-Protokolle der Anwendungsschicht
IrDA, Bluetooth	WPAN-Protokolle
SSL, TLS	Sicherheitsprotokoll
SMB, NFS	Netzwerk-Dateisysteme
WAP, iMode	Mobile Anwendungsprotokolle
DSL, ISDN, Analog-Modem	Zugangsnetze für Haushalte
Seriell, USB, Parallelport	Vernetzung von Geräten
BitTorrent, Chord	Peer-to-Peer-Netzwerke
CORBA, RMI, RPC	Ferne Methoden- und Prozedur-Aufrufe

d)

- Es gibt nicht ein einzelnes Medium, dass für *alle* denkbaren Aufgaben geeignet ist.
- Die physikalische Reichweite eines einzelnen Mediums ist begrenzt.
- Die Anzahl der Teilnehmer, die sich ein Medium teilen können, ist begrenzt.

e)

- *Repeater*: verstärkt Signale (Bitübertragungsschicht)
- *Hub*: entweder ein Repeater mit mehreren Ausgängen oder ein (passiver) Kabelverteiler
- *Bridge*: verbindet zwei Direktverbindungsnetzwerke und kopiert Rahmen von einem Segment zum anderen (Sicherungsschicht)
- *Switch*: Bridge mit mehr als zwei Ausgängen (Sicherungsschicht), aber auch ATM-Switches (Vermittlungsschicht)
- *Router*: vermittelt Pakete zwischen Netzen (Vermittlungsschicht)
- *Modem*, z.B. analoges Telefon-Modem, DSL-Modem
- *Access Point* oder *Basisstation*: vermitteln zwischen Funksignalen und kabelgebundenen Netzen
- *Firewall*: blockiert unzulässige Zugriffe
- Kombinierte Geräte, z.B. Router mit DSL-Modem, Ethernet-Switch, WLAN-Access-Point, NAT-Funktion, DHCP-Server

Lösung zu Aufgabe 2

(Aufgabe auf Seite 1)

a)

- Darstellen von Informationen zur Übertragung
- Adressierung von Sender und Empfänger
- Umgehen mit Übertragungsfehlern
- Gemeinsamer Zugriff auf das Medium regeln
- Gibt es Zwischenschritte zwischen Sender und Empfänger: wie findet die Informationen den Weg zum Ziel
- Regeln der Übertragungsgeschwindigkeit
- Verhindern, dass Dritte mitlesen
- Starten einer Verbindung, Beenden einer Verbindung

b)

Tabelle 36: Übertragungsfunktionen bei Beispielen außerhalb der Rechnerwelt

Funktion	Briefe	Rauchzeichen	Party
Darstellen von Informationen	Schrift auf Papier	Aufsteigender Rauch	Gesprochene Sprache und visuelles Betrachten
Adressierung	Post-Adresse	Multicast	Blickkontakt
Umgehen mit Übertragungsfehlern	Redundanz der Schriftform	problematisch eventuell FEC	Redundanz der Sprache, direktes Nachfragen
Gemeinsamer Zugriff auf das Medium	nicht anwendbar	räumliche Trennung	Lautstärke, Blickkontakt separiert den Kanal
Weg zum Ziel	Weiterleiten von Briefen	nicht anwendbar	nicht anwendbar
Übertragungsgeschwindigkeit	unproblematisch	unproblematisch	Hörer drosselt über Feedback
mitlesen Verhindern	Briefumschlag	geheime Stammes-Codes	flüstern
Starten, beenden	nicht anwendbar	implizit klar	durch Gesprächkontext

Lösung zu Aufgabe 3

(Aufgabe auf Seite 2)

a) Mit 6 Flügeln und 4 Positionen gibt es $4^6 = 4096$ Flügelkombinationen. Damit können 12 Bits dargestellt werden. Das entspricht 1,2 Bit/s.

b) Bei 61 Stationen müssen 60 Stationen weiterleiten. Also benötigt man 1 Stunde.

c)

Tabelle 37: Übertragungsfunktionen beim historischen optischen Telegrafen

Funktion	Optischer Telegraf
Darstellen von Informationen	Flügelpositionen
Adressierung	Richtung implizit klar
Umgehen mit Übertragungsfehlern	Direkte Sichtkontrolle, ob die Flügelstellungen richtig weitergegeben wurden.
Gemeinsamer Zugriff auf das Medium	Medienzugriff: Kollisionen durch simultane Transmissionen in beiden Richtungen können über zeitliche Absprachen geregelt werden.
Weg zum Ziel	keine Wegeauswahl möglich
Übertragungsgeschwindigkeit	Direkte Kontrolle, wann die Flügelstellung weitergegeben wurde.
mitlesen Verhindern	Codes wurden verheimlicht
Starten, beenden	spezielle Codes

Man könnte auch unterschiedliche OSI-Schichten betrachten:

Tabelle 38: OSI-Schichten beim historischen optischen Telegrafen

OSI-Schicht	Optischer Telegraf
Bitübertragungsschicht	Flügelpositionen
Sicherungsschicht	Sicherung: Direkte Sichtkontrolle, ob die Flügelstellungen richtig weitergegeben wurden. Medienzugriff: Kollisionen durch simultane Transmissionen in beiden Richtungen können über zeitliche Absprachen geregelt werden.
Vermittlungsschicht	keine Wegeauswahl möglich
Transportschicht	Direkte Kontrolle, wann die Flügelstellung weitergegeben wurde.
Sitzungsschicht	spezielle Codes
Darstellungsschicht	Wörterbücher
Anwendungsschicht	-

Lösung zu Aufgabe 4

(Aufgabe auf Seite 3)

a)

- Kabel-TV
- Satelliten-TV
- Funkuhren-Signal
- Radio, inkl. digitaler Informationen
- Stauwarnungen für Navigationssysteme
- Zellen-Broadcast durch Basisstationen von Mobilfunkbetreibern
- GPS-Signal, GPS-Korrektursignale

b)

- Einfach bei Broadcast: Medienzugriff, da nur ein Sender das Medium belegt
- Einfach bei herkömmlichen Netzwerken: Fehlerbehandlung, da Empfänger quittieren können

Lösung zu Aufgabe 5

(Aufgabe auf Seite 3)

a)

Tabelle 39: Unterschiede zwischen kabelbasierten und drahtlosen Netzwerken

Eigenschaft	kabelbasiert	drahtlos
Bandbreite	groß im Vergleich zu drahtlos	klein im Vergleich zu Kabel
Störanfälligkeit	klein im Vergleich zu drahtlos	groß im Vergleich zu Kabel
implizite Abhörsicherheit	groß, da Zugriff auf Kabel erschwert	klein, da physikalisches Broadcast
Medienzugriff	häufig nur wenige Teilnehmer pro gemeinsamem Medium	gemeinsames Medium mit vielen Benutzern, komplizierte Zugriffsverfahren, wenn keine zentrale Instanz vorhanden
Eignung für mobile Dienste	nein	ja
Handover	nicht anwendbar	notwendig

b)

Tabelle 40: Unterschiede zwischen Infrarot- und Funk-Kommunikation

Eigenschaft	Infrarot	Funk
Reichweite	klein – nur einige Meter	groß – Meter bis hunderte km
Einsatzumgebung	nur innerhalb von Gebäuden	innerhalb und außerhalb
Anordnung von Sender und Empfänger	müssen Sichtverbindung haben	beliebig innerhalb der Reichweite
implizite Abhörsicherheit	groß, da Zugriff auf Medium nur lokal möglich	klein
Störquellen	Sonnenlicht, Kunstlicht, Streuung und Reflexion	elektromagnetische Störquellen, Streuung und Reflexion
Medium	unterliegt keiner Beschränkung	hoheitlich geregelt
Hardwarekosten	sehr gering	fallen ins Gewicht

Lösung zu Aufgabe 6

(Aufgabe auf Seite 3)

a) Bitübertragungsschicht, Sicherungsschicht, Vermittlungsschicht, Transportschicht, Kommunikationssteuerungsschicht, Darstellungsschicht, Anwendungsschicht

b) Wie werden Bits dargestellt? Stecker und Kabel, Spannungen für Signalpegel, Frequenzen

c) Automatic Repeat Request (ARQ), Forward Error Correction (FEC)

d) Bitübertragungsschicht, Sicherungsschicht

e) Physical Layer (PHY), Media Access Control (MAC), Logical Link Control (LLC)

f) Netzwerkschicht, Internetschicht, Transportschicht, Anwendungsschicht

g) Z.B. FTP, HTTP, SMTP aber auch Telnet, NNTP, DNS, DHCP

h) MAC-Adresse, IP-Adresse, IP/Port-Adresse, URL

Lösung zu Aufgabe 7

(Aufgabe auf Seite 4)

Tabelle 41: Netzwerkfunktionen und Kommunikationsschichten (Lösung)

Begriff	Bitübertragungsschicht	Sicherungsschicht	Vermittlungsschicht	Transportschicht	Anwendungsschicht
TCP				✓	
IP			✓		
Modulation	✓				
Infrarotlicht	✓				
Routing			✓		
Ping			✓		
WLAN 802.11	✓	✓			
SMTP					✓
Network-Layer (TCP/ IP-Referenzmodell)	✓	✓			
Lichtwellenleiter	✓				
Sentinel-Methode		✓			
Sliding Window		✓		✓	
CSMA/CD		✓			
Login/Logout					✓
Portnummern				✓	

Lösung zu Aufgabe 8

(Aufgabe auf Seite 5)

a)

$$2 \cdot B \cdot \log_2(L) = 2 \cdot 1000 \text{ Hz} \cdot \log_2(6) = 5170 \text{ Bit/s}$$

b) Idee: man fasst aufeinanderfolgende Signalschritte zusammen und kodiert diese als Blöcke. So kann man mit drei aufeinanderfolgenden Signalen $6^3 = 216$ Codes darstellen. Das entspricht 7 Bits in drei Schritte oder ca. 2,33 Bits/Schritt.

Bei zusammengefassten Blöcken der Länge W kann man $\lfloor \log_2(L^W) \rfloor$ Bits pro Block übertragen. Die Schrittgeschwindigkeit der Blöcke ist aber 2·B/W, daher ergibt sich eine Datenrate von

$$2 \cdot \frac{B}{W} \lfloor \log_2(L^W) \rfloor$$

Tabelle 42: Erhöhung der Bitrate durch Blockbildung

Block	Unterscheidbare Codes	Bits pro Block	Datenrate Bit/s
1	6	2	4000
2	36	5	5000
3	216	7	4667
4	1296	10	5000
5	7776	12	4800
6	46656	15	5000
7	279936	18	5143
8	1679616	20	5000
9	10077696	23	5111
10	60466176	25	5000
11	362797056	28	5091
12	2176782336	31	5167
13	13060694016	33	5077
14	78364164096	36	5143
15	470184984576	38	5067
16	2821109907456	41	5125
17	16926659444736	43	5059
18	101559956668416	46	5111
19	609359740010496	49	5158
20	3656158440062980	51	5100
...	...	...	...
250	$3{,}45 \cdot 10^{194}$	646	5168

c) Es gilt:

$$10000 \text{ Bit/s} = 2 \cdot 1000 \text{ Hz} \cdot \log_2(L)$$

damit

$$2^{\left(\frac{10000 \text{ Bit/s}}{2 \cdot 1000 \text{ Hz}}\right)} = 32$$

d) 25dB entsprechen 316/1. Damit ist $D_{max} = 1000 \text{ Hz} \cdot \log_2(317) = 8308$ Bit/s.

e) Es gilt:

$$5000 \text{ Bit/s} = 1000 \text{ Hz} \cdot \log_2(1+S/N)$$

damit

$$SNR = 2^{\left(\frac{5000 \text{ Bit/s}}{1000 \text{ Hz}}\right)} - 1 = 31 = 15\text{dB}$$

Lösung zu Aufgabe 9

(Aufgabe auf Seite 6)

a) Amplitudenmodulation, Frequenzmodulation, Phasenmodulation

b) *Synchron*: der Sender sendet nur, wenn der Empfänger es erlaubt; ein Takt oder eine explizite Sendefreigabe sind notwendig; *asynchron*: der Sender sendet zu einem beliebigen Zeitpunkt, eine Start-Stopp-Erkennung ist notwendig.

c) *Simplex*: der Übertragungskanal funktioniert nur in einer Richtung; *halbduplex*: der Übertragungskanal funktioniert in beide Richtungen, aber nicht gleichzeitig; *vollduplex*: der Übertragungskanal funktioniert in beide Richtungen zur gleichen Zeit.

d) Kodierung, Framing, Fehlererkennung, zuverlässige Zustellung, Medienzugriff

Lösung zu Aufgabe 10

(Aufgabe auf Seite 6)

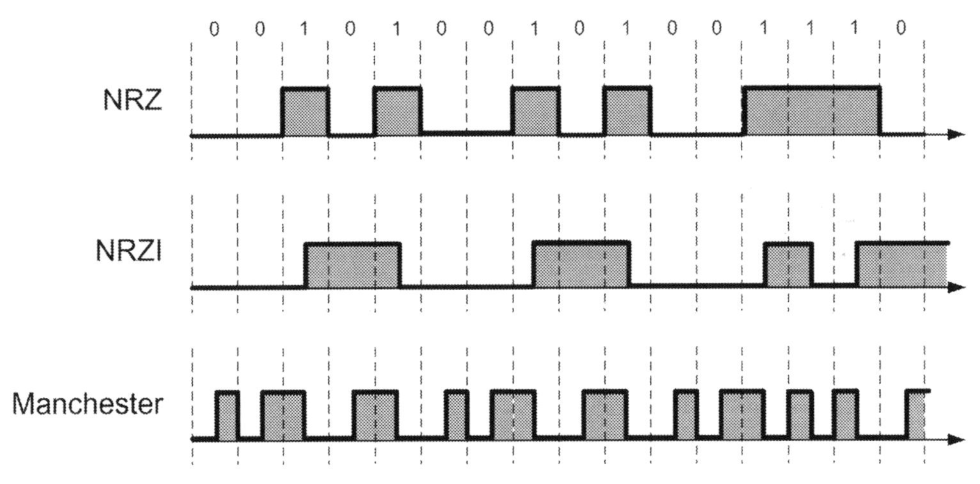

Abbildung 20: Signalverläufe der kodierten Bitfolge

Lösung zu Aufgabe 11

(Aufgabe auf Seite 7)

a)

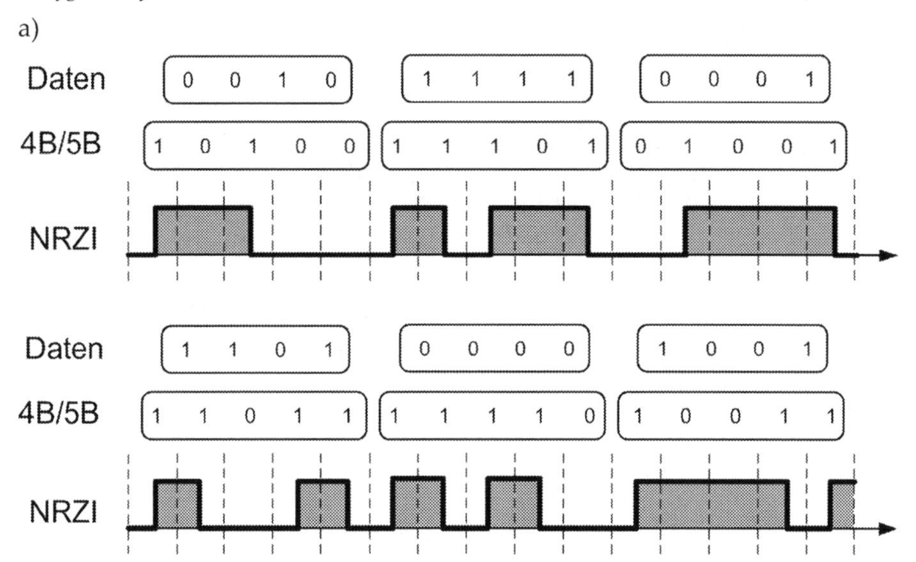

Abbildung 21: Signalverläufe nach der 4B/5B-Kodierung

b)

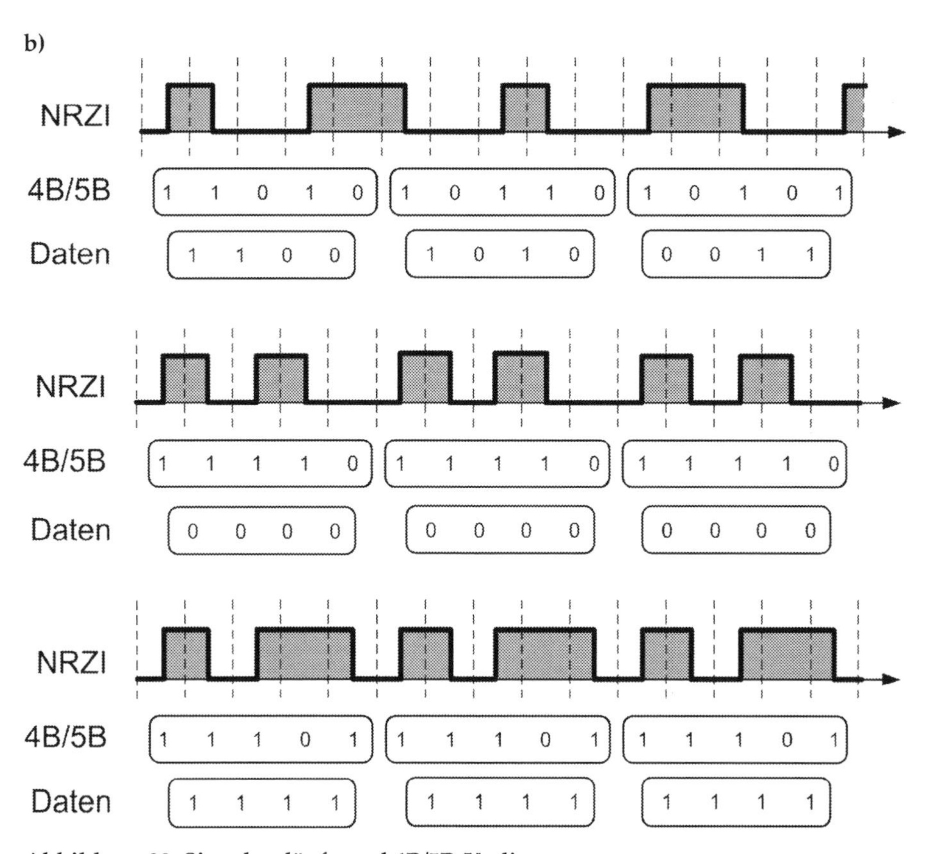

Abbildung 22: Signalverläufe und 4B/5B-Kodierung

Lösung zu Aufgabe 12

(Aufgabe auf Seite 8)

a) Rahmen: SYN SYN SOH 99 98 97 96 95 STX A1 A2 A3 A4 A5 ETX A0 B7

der Nutzdatenteil ist also A1 A2 A3 A4 A5

b) Rahmen: SYN SYN SOH 99 98 97 96 95 STX 01 02 DLE 03 04 05 ETX 76 35

der Nutzdatenteil ist also 01 02 03 04 05

c) Rahmen: SYN SYN SOH 99 98 97 96 95 STX DLE 03 DLE 10 DLE 03 ETX 92 55

der Nutzdatenteil ist also 03 10 03

Bemerkung: Im Nutzdatenteil werden nur ETX und DLE mit Zeichenstopfen modifiziert, andere Zeichen wie STX werden nicht erweitert, da man sie ohne Problem überlesen kann. Man liest also bis zum ersten ETX, das nicht per DLE modifiziert wurde.

Lösung zu Aufgabe 13

(Aufgabe auf Seite 9)

a)

$x^{10} + x^9 + x^8 \quad : x^8 + x^2 + x + 1 = x^2 + x + 1$

$\underline{x^{10} + x^4 + x^3 + x^2}$

$x^9 + x^8 + x^4 + x^3 + x^2$

$\underline{x^9 + x^3 + x^2 + x}$

$x^8 + x^4 + x$

$\underline{x^8 + x^2 + x + 1}$

$x^4 + x^2 + 1 \quad \rightarrow$ 00010101

In binärer Form:

```
11100000000 / 100000111=111
100000111
 110001110
 100000111
  100010010
  100000111
   00010101
```

Die Prüfsumme lautet also 00010101.

b)

$x^{20} + x^{19} + x^{17} + x^{16} \quad : \quad x^{16} + x^{15} + x^2 + 1 = x^4 + x$

$\underline{x^{20} + x^{19} + x^6 + x^4}$

$x^{17} + x^{16} + x^6 + x^4$

$\underline{x^{17} + x^{16} + x^3 + x}$

$x^6 + x^4 + x^3 + x \quad \rightarrow$ 0000000001011010

In binärer Form:

```
110110000000000000000 / 11000000000000101=10010
11000000000000101
 00110000000001010
 00000000000000000
  01100000000010100
  00000000000000000
   11000000000101000
   11000000000000101
    00000000001011010
    00000000000000000
     0000000001011010
```

Die Prüfsumme lautet also 0000000001011010.

c) Bemerkung: $I(x) \cdot x^k = x^9 + x^8 + x^7 + x^5 + x^4 + x^3$.
Man erkennt $k = 3$ durch den Grad von $G(x)$.

$$x^9 + x^8 + x^7 + x^5 + x^4 + x^3 + x^2 + x \quad : \quad x^3 + x^2 + 1 \; = \; x^6 + x^4 + x^2 + x$$

$$\underline{x^9 + x^8 + x^6}$$

$$x^7 + x^6 + x^5 + x^4 + x^3 + x^2 + x$$

$$\underline{x^7 + x^6 + x^4}$$

$$x^5 + x^3 + x^2 + x$$

$$\underline{x^5 + x^4 + x^2}$$

$$x^4 + x^3 + x$$

$$\underline{x^4 + x^3 + x}$$

$$0$$

In binärer Form:

```
1110111110 / 1101=1010110
1101
 0111
 0000
  1111
  1101
   0101
   0000
    1011
    1101
     1101
     1101
      0000
      0000
       000
```

Der Rest ist 0, also war die Übertragung fehlerfrei.

Lösung zu Aufgabe 14

(Aufgabe auf Seite 10)

a)

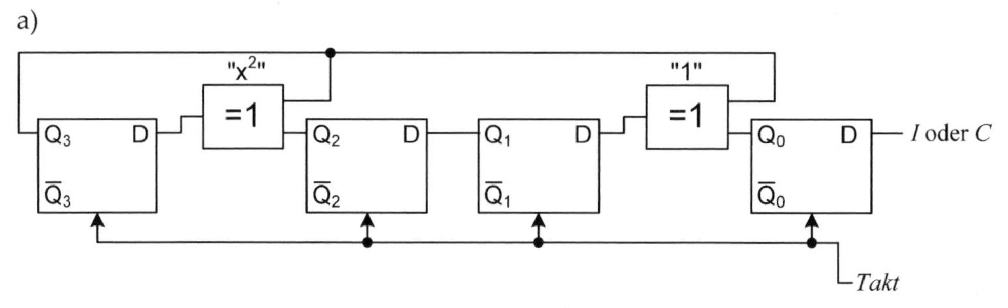

Abbildung 23: CRC-Schaltung

Während die Terme x^2 und 1 durch XOR-Gatter in der Schaltung repräsentiert wurden, ist der Term des höchsten Grades x^3 nicht vorhanden. Die höchste Stelle des Restes fällt bei jedem Schritt heraus und wird daher nicht weiter berücksichtigt.

- Die ersten drei Flipflops geben immer den jeweiligen Rest an. Im letzten Flipflop befindet sich das nächste (noch nicht verarbeitete) Bit von I oder C.
- Damit entspricht diesen vier Bits genau das, was bei der Polynomdivision nach der Subtraktion von G bzw. 0 übrig bleibt.

Man sieht, dass die Realisierung der CRC-Berechnung und -Überprüfung in Hardware sehr unkompliziert ist. Mit dieser Schaltung kann man eine Variante der CRC-Berechnung diskutieren: ein Problem ist, dass führende 0-Bits in den Nutzdaten bei der Polynomdivision nicht berücksichtigt werden. Daher werden fehlende oder irrtümlich hinzugefügte führende 0-Bits nicht als Fehler erkannt. Man kann dieses Problem umgehen, indem man die Flipflops mit 1 statt mit 0 initialisiert – man spricht hier von einem anderen *CRC-Startwert*. Prinzipiell sind beliebige Startwerte denkbar, in der Praxis verwendet man allerdings meistens 0…0 oder 1…1. Ein Startwert 1…1 bedeutet dabei, dass die ersten Bits der Nutzdaten invertiert werden.

Für die geforderte Überprüfung ergibt sich folgender Ablauf.

Tabelle 43: Prüfsummenberechnung in der CRC-Schaltung

Q_3	Q_2	Q_1	Q_0	Restwort
				1110111110
0	0	0	1	110111110
0	0	1	1	10111110
0	1	1	1	0111110
1	1	1	0	111110
0	1	1	1	11110
1	1	1	1	1110
0	1	0	1	110
1	0	1	1	10
1	1	0	1	0
0	0	0	0	
0	0	0		

Der Zusammenhang zwischen diesen Bits und der von Hand ausgeführten Division ist wie folgt:

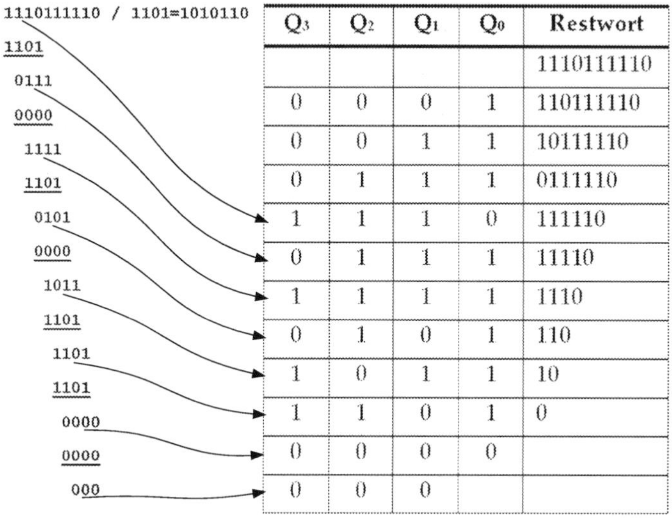

```
1110111110 / 1101=1010110
1101
 0111
 0000
  1111
  1101
   0101
   0000
    1011
    1101
     1101
     1101
      0000
      0000
       000
```

Q_3	Q_2	Q_1	Q_0	Restwort
				1110111110
0	0	0	1	110111110
0	0	1	1	10111110
0	1	1	1	0111110
1	1	1	0	111110
0	1	1	1	11110
1	1	1	1	1110
0	1	0	1	110
1	0	1	1	10
1	1	0	1	0
0	0	0	0	
0	0	0		

Abbildung 24: Zusammenhang der Polynomdivision mit den Flipflop-Inhalten

b)

Tabelle 44: Prüfsummenüberprüfung in der CRC-Schaltung

Q_3	Q_2	Q_1	Q_0	Restwort
				110101
0	0	0	1	10101
0	0	1	1	0101
0	1	1	0	101
1	1	0	1	01
0	0	0	0	1
0	0	0	1	zusätzlich 000
0	0	1	0	00
0	1	0	0	0
1	0	0	0	
1	0	1		

Damit ist das Restpolynom x^2+1 (entspricht `101`). Probe: `110101 101` ist restlos durch G teilbar.

Lösung zu Aufgabe 15

(Aufgabe auf Seite 10)

a) Binär:

`0010 1100` → `1010 1100`

`0000 1110` → `1000 1110`

`0101 1010` → `0101 1010`

`0001 1010` → `1001 1010`

Summe: `1110 0010` Hexadezimal: `AC 8E 5A 9A E2`

b) Binär:

`0000 0000` → `0000 0000`

`0001 1100` → `1001 1100`

`0111 0110` → `1111 0110`

`0011 1000` → `1011 1000`

Summe: `1101 0010` Hexadezimal: `00 9C F6 B8 D2`

Lösung zu Aufgabe 16

(Aufgabe auf Seite 10)

a)

- 1-Bit-Fehler: Sicher erkennbar, da man horizontal und vertikal jeweils diesen 1-Bit-Fehler erkennen kann.
- 2-Bit-Fehler: Man kann 2 Bits nicht so anordnen, dass man nicht in mindestens einer Richtung (vertikal oder horizontal) einen 1-Bit-Fehler erhält.
- 3-Bit-Fehler: Auch 3 Bits kann man nicht so anordnen, dass man nicht in mindestens einer Richtung einen 1-Bit-Fehler erhält.

b) Die 4 Bits müssen so angeordnet werden, dass man in jeder Richtung 2-Bit-Fehler erhält, da man 2-Bit-Fehler nicht erkennen kann. Das geht nur, wenn jedes fehlerhafte Bit ein Eckpunkt eines Rechtecks in der Bit-Matrix ist. Bei jeder anderen Anordnung entsteht mindestens ein erkennbarer 1-Bit-Fehler in einer Reihe oder Spalte.

Lösung zu Aufgabe 17

(Aufgabe auf Seite 11)

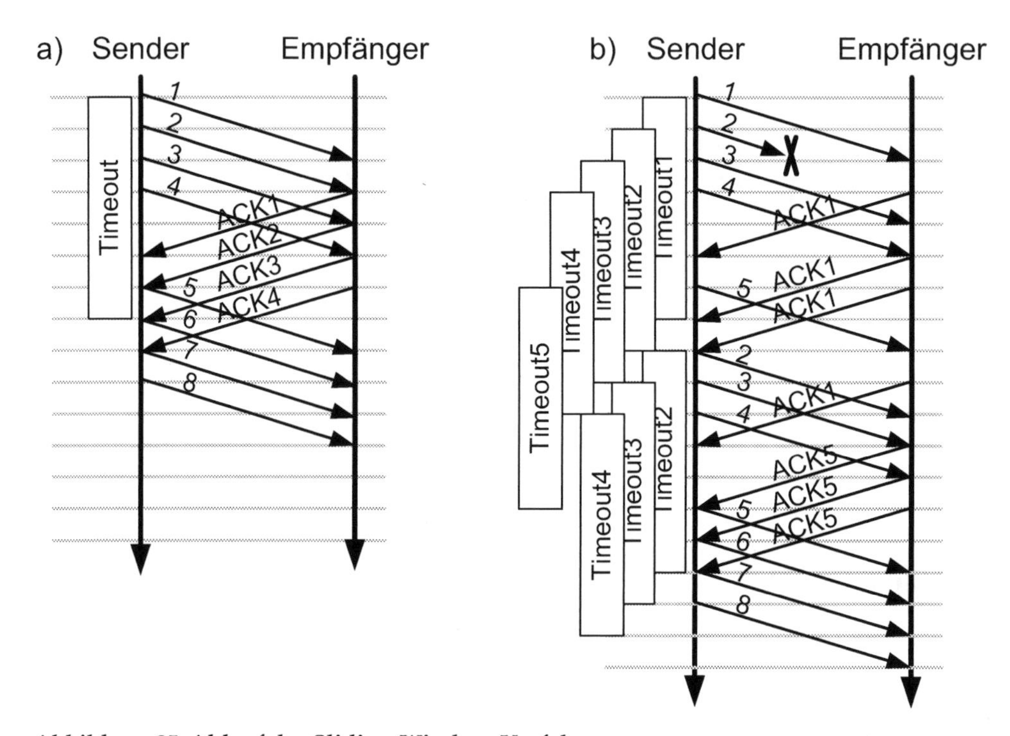

Abbildung 25: Ablauf des Sliding-Window-Verfahrens

Lösung zu Aufgabe 18

(Aufgabe auf Seite 12)

a)

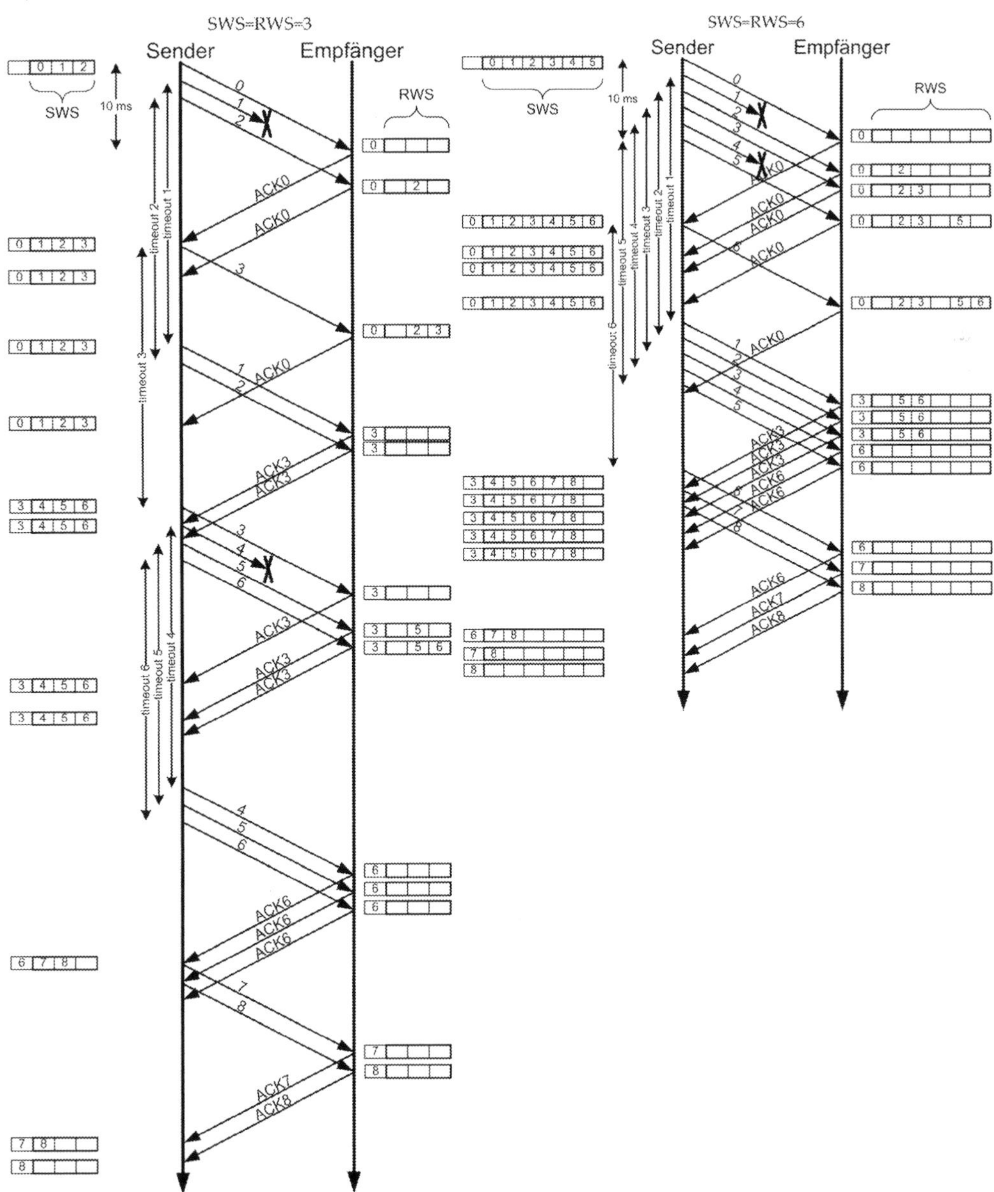

Abbildung 26: Ablauf des Sliding-Window-Verfahrens (Lösung)

Zur Information: Es ergeben sich folgende Statistiken:

Tabelle 45: Statistiken der Sliding-Window-Läufe

	#Sends	#ACKs	#OutOfBuffer	ms des ersten ACK(8)
SWS = RWS = 3	15	13	4	127
SWS = RWS = 6	15	13	4	75

b) Voraussetzung für die einfache Auswertung von duplicate ACKs ist, dass das Direktverbindungsnetzwerk die Reihenfolge der Rahmen erhält – dies trifft in der Regel zu.

Im Beispiel SWS = RWS = 6 könnte der Sender beim zweiten Empfang von ACK0 schließen, dass Rahmen 1 verloren ging und ihn sofort nachsenden. Sendet er aber bei jedem duplicate ACK den nächsten Rahmen, werden insbesondere bei großen Sendefenstern fehlende Rahmen sehr häufig nachgesendet, was das Medium unnötig belastet. Deshalb muss man die Nachsenderate limitieren, beispielsweise auf 1 Mal/Timeout. Eine entsprechende Regelung erfordert zusätzliche Verwaltungsinformationen im Sender und erhöht die Komplexität des Senders.

Zusätzlich können duplicate ACKs auch entstehen, wenn der Rahmen noch unterwegs ist und erfolgreich empfangen wird. So ist im Beispiel Rahmen 4 schon erfolgreich zugestellt, der Sender empfängt aber noch mehrmals ACK3. Eine zusätzliche Sendung von Rahmen 4 würde das Medium unnötig belasten.

Lösung zu Aufgabe 19

(Aufgabe auf Seite 13)

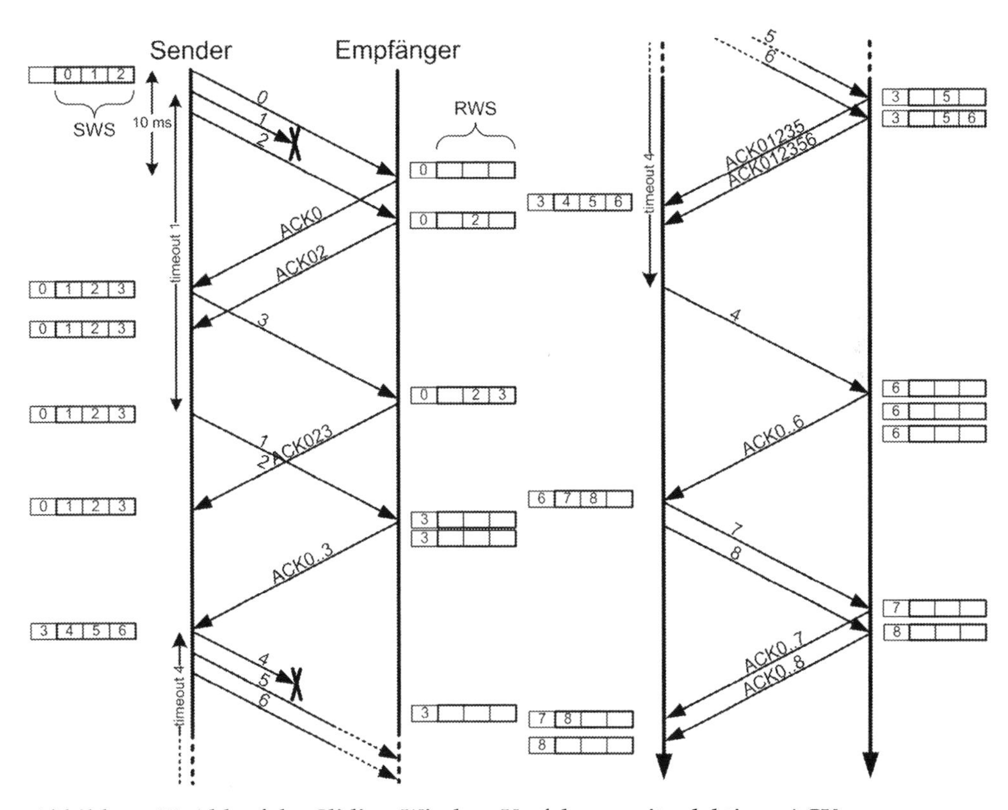

Abbildung 27: Ablauf des Sliding-Window-Verfahrens mit selektiven ACKs

Zur Information: Es ergeben sich folgende Statistiken:

Tabelle 46: Statistik des weiteren Sliding-Window-Laufs

	#Sends	#ACKs	#OutOfBuffer	ms des ersten ACK(8)
SWS = RWS = 3 selektive ACKs	11	9	0	127

Zu bemerken: in diesem Beispiel sind die 9 Rahmen nicht schneller zugestellt worden als dies bei kumulativen ACKs der Fall ist.

- Vorteil: es werden weniger Rahmen unnötig doppelt gesendet. Da ein Sender die maximale Information über den Empfangspuffer erhält, kann dieser dediziert nur die fehlenden Rahmen nachsenden.
- Nachteil: Die Länge des Feldes, das im Rahmen für die Quittung verwendet wird, ist variabel. Variable Anteile von Rahmen sind unerwünscht, da man beim Lesen eines Rahmens (in Hard- oder Firmware) Längenfelder auswerten muss, daher ist in der Regel der einzige Anteil variabler Länge eines Rahmens der Nutzdatenteil. Alternativ könnte man ein Feld fester Länge in der Größe des Empfangspuffers einrichten. In jedem Fall wird aber der Algorithmus im Sender komplizierter.

Lösung zu Aufgabe 20

(Aufgabe auf Seite 13)

Tabelle 47: Zuordnung der Transmissionen zu Ports (Lösung)

Sender	Empfänger	Port 1	Port 2
W	Y	✓	
A	Y		✓
X	W		
A	C		✓
D	B		✓
B	D		
X	D	✓	
Z	W		
C	B		

Lösung zu Aufgabe 21

(Aufgabe auf Seite 15)

Tabelle 48: Zuordnung der Transmissionen zu Ports von zwei Bridges (Lösung)

Sender	Empfänger	Bridge 1 Port 1	Bridge 1 Port 2	Bridge 1 Port 3	Bridge 2 Port 1	Bridge 2 Port 2
A	B		✓	✓	✓	
AA	B	✓		✓		✓
X	A	✓				
Y	BB	✓	✓		✓	
BB	AA					
B	X			✓		
AA	B	✓				✓

Lösung zu Aufgabe 22

(Aufgabe auf Seite 17)

Der kritische Fall ist in der folgenden Abbildung dargestellt:

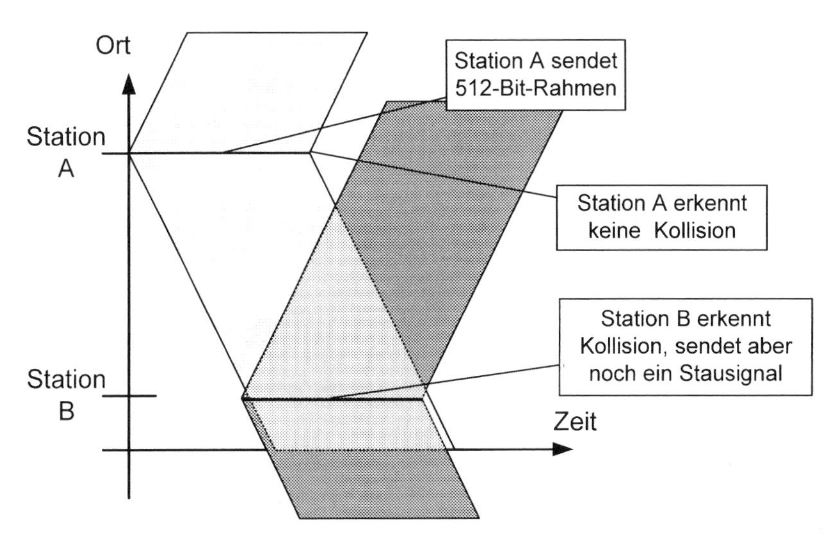

Abbildung 28: Zeitliches Problem bei der Kollisionserkennung

Die gefüllten Flächen symbolisieren die Medienbelegung an einem bestimmten Ort. Da sich die Signale mit endlicher Geschwindigkeit fortsetzen, ist das Medium nicht sofort an jedem Ort belegt. Die Verzögerung hängt linear vom Abstand zum Sender ab.

Station A sendet einen Rahmen aus. Noch bevor dieser bei B ankommt, sendet B selbst einen Rahmen (das Medium war ja frei). Kurz darauf bemerkt B die Kollision und sendet ein Stausignal. In diesem Fall sind die Stationen A und B zu weit voneinander entfernt. Das Stausignal erreicht Station A erst, *nachdem* der Rahmen vollständig versendet wurde. A erkennt die Kollision also nicht.

Eine Anordnung der Stationen, bei der eine Kollision gerade noch erkannt wird, ist in der folgenden Abbildung dargestellt.

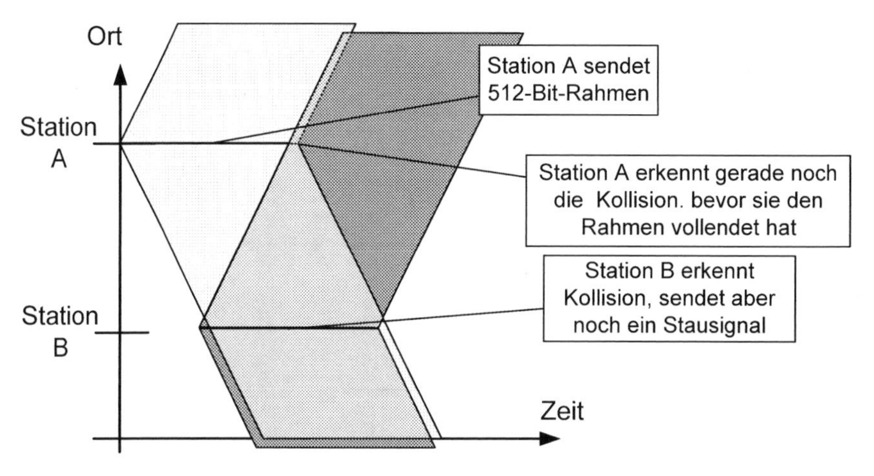

Abbildung 29: Grenzfall einer Kollisionserkennung

Das Stausignal von B erreicht A gerade noch rechtzeitig, bevor der Rahmen vollendet wurde. Hieraus kann man ableiten, dass die Zeit zur Aussendung des kleinsten Rahmens (512 Bits) ausreichen muss, den *doppelten* Weg zum entferntesten Empfänger zurückzulegen.

a) Wir benötigten zur Aussendung von 512 Bit genau 51,2 µs. Das erste Bit des Rahmens darf zum Empfänger also nur 25,6 µs benötigen. Bei einer Signalausbreitung von 300 000 km/s entspricht dies einer Entfernung von 7680 Metern.

b) Die vier Repeater verzögern das Signal alleine um 16 µs. Damit darf das Signal nur 9,6 µs über die Verkabelung unterwegs sein. Dies entspricht einer Entfernung von 2880 Metern.

Diese Berechnungen sind stark vereinfacht. Bei einer exakten Berechnung sind weitere Einflüsse bei der Signalverzögerung zu beachten. Die grundlegenden Überlegungen für die Berechnung maximaler Ausdehnungen von Ethernet-LANs werden jedoch analog zu dieser Aufgabe durchgeführt. Die exakte maximale Länge eines 10-MBit-Ethernets beträgt 2500 Meter.

Lösung zu Aufgabe 23

(Aufgabe auf Seite 18)

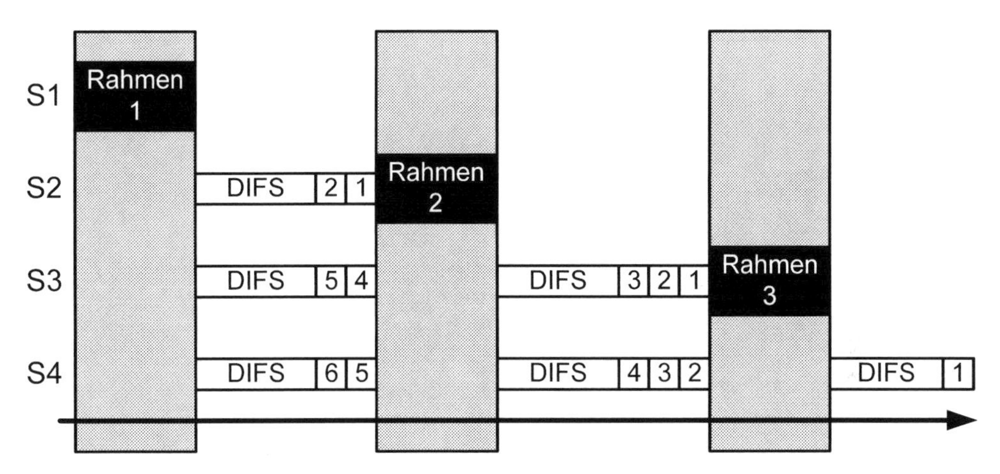

Abbildung 30: Medienbelegung im WLAN (Lösung)

Es ergeben sich folgende Zeiten:

- für S2: 2,5T+2T = 4,5T
- für S3: 2,5T+2T+10T+2,5T+3T = 20T
- für S4: 2,5T+2T+10T+2,5T+3T+10T+2,5T+1T = 33,5T

Der hier dargestellte Zusammenhang zwischen DIFS und T stimmt so nur für das Bitübertragungsverfahren *DSSS* (*Direct Sequence Spread Spectrum*). Der exakte Zusammenhang ergibt sich für alle WLAN-Bitübertragungsverfahren wie folgt:

Tabelle 49: Exakte WLAN-Zeiten

Verfahren	T	DIFS	DIFS/T
FHSS (Frequency Hopping Spread Spectrum)	50 µs	128 µs	2,56T
DSSS (Direct Sequence Spread Spectrum)	20 µs	50 µs	2,5T
OFDM (Orthogonal Frequency Division Multiplex)	9 µs	34 µs	3,78T

Lösung zu Aufgabe 24

(Aufgabe auf Seite 19)

a) Es handelt sich um folgende Situation:

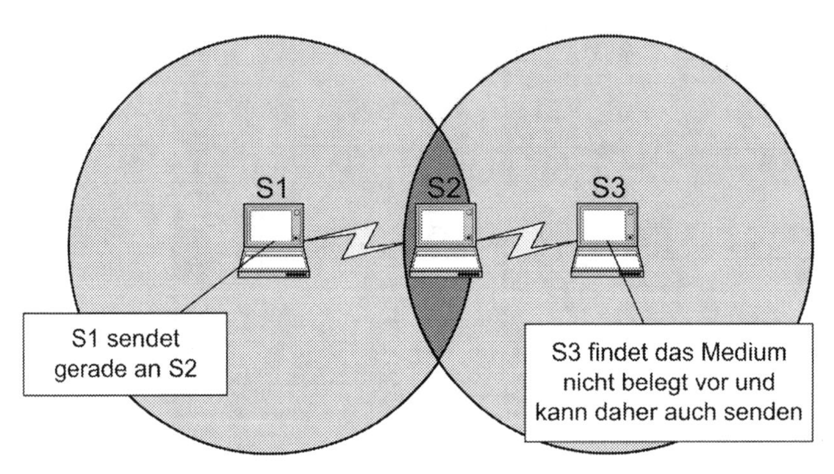

Abbildung 31: Das Hidden-Terminal-Problem

S1 sendet gerade. Da S3 außerhalb der Reichweite von S1 ist, kann sie die Medienbelegung nicht erkennen und kann bei dem einfachen Belegungsverfahren ohne zu warten auch senden. Diese Situation wird *Hidden Terminal* genannt (aus der Sicht von S3 ist S1 "versteckt"). Ohne weitere Vorkehrungen kann es zu Kollisionen kommen. WLAN nach IEEE 802.11 sieht zur Lösung des Problems ein optionales Verfahren vor: die Belegung mit RTS/CTS-Rahmen (*Request To Send, Clear To Send*):

- Ein Sender sendet zuerst ein RTS aus.
- Der Empfänger bestätigt mit CTS.
- Jede Station die RTS- oder CTS-Rahmen mitgehört hat, begibt sich in einen Wartezustand.
- Die Belegung des Mediums erfolgt für einen vorher vom Sender bestimmten Zeitraum NAV (*Net Allocation Vector*).
- RTS- und CTS-Rahmen werden nach der Wartezeit SIFS beantwortet.

Beispiel mit 4 Stationen:

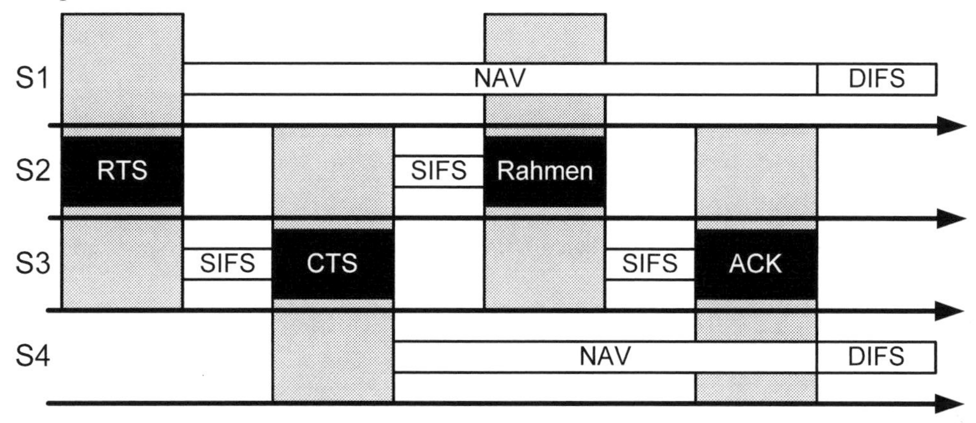

Abbildung 32: Medienzugriff mit RTS-CTS

b)

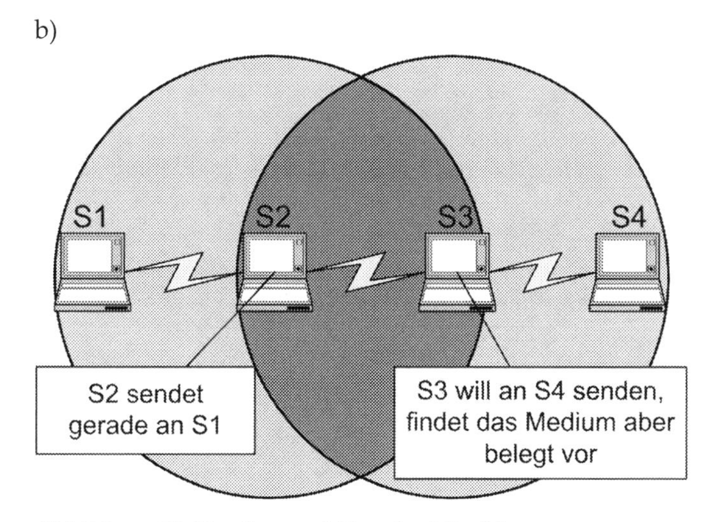

Abbildung 33: Das Exposed-Terminal-Problem

Diese Situation wird *Exposed Terminal* genannt. Während beim Hidden-Terminal eine Kollision entstehen kann, wird beim Exposed-Terminal lediglich das Funkmedium nicht effizient ausgenutzt. S2 und S3 könnten gleichzeitig senden, da die Kollision von den Empfängern nicht wahrgenommen werden würde. S2 und S3 senden aber nicht gleichzeitig, da dies durch das Medienbelegungsverfahren verhindert wird.

Mögliche Lösung:

- S2 und S3 können erkennen, dass S4 bzw. S1 Hidden Terminals sind (erkennbar an ausbleibenden CTS-Rahmen).
- Diese Information müsste zwischen S2 und S3 ausgetauscht werden.
- Hört S3 ab, dass S2 an S1 senden möchte, kann S3 gleichzeitig an diejenigen Stationen senden, die für S2 Hidden Terminals sind (also S4).

Problem dieses Ansatzes:

- Austausch der Hidden-Terminal-Informationen zwischen Nachbarn ist notwendig.
- ACKs vom Empfangspartner kollidieren immer noch bei den ursprünglichen Sendern.

Im Standard von IEEE 802.11 wird das Exposed-Terminal-Problem nicht behandelt.

Lösung zu Aufgabe 25

(Aufgabe auf Seite 19)

a) Die erste Station wählt eine Zufallszahl aus {0,... 7}. Die Wahrscheinlichkeit, dass die zweite Station die gleiche Zufallszahl wählt, beträgt 1/8 = 0,125.

b) Wir betrachten erst die Wahrscheinlichkeit für *keine* Kollision. Das passiert, wenn die zweite Station eine der 7 *anderen* Werte und die dritte eine der 6 *anderen* Werte wählt.

Damit ergibt sich die Formel für *keine* Kollision:

$$\frac{7}{8} \cdot \frac{6}{8} = \frac{21}{32} \text{ und damit für eine Kollision } \frac{11}{32} = 34\%$$

c) Für eine Station gilt trivialerweise: $p_1 = 0$.

Für zwei Stationen gilt $p_2 = 1/(cw+1)$.

Für p_3:

$$p_3 = 1 - \frac{cw \cdot (cw - 1)}{(cw + 1)^2}$$

Allgemein für i:

$$p_i = 1 - \frac{cw \cdot (cw - 1) \cdot \ldots \cdot (cw - i + 2)}{(cw + 1)^{i-1}} = \frac{cw!}{(cw - i + 1)! \cdot (cw + 1)^{i-1}}$$

d) Es gilt:

Tabelle 50: Kollisionswahrscheinlichkeiten bei verschiedenen Contention Windows

cw	$p_3(cw)$
7	0,34375
15	0,1796875
31	0,091796875
63	0,04638671875
127	0,0233154296875
255	0,011688232421875

Bei cw = 63 liegt der Wert unter 5%.

Lösung zu Aufgabe 26

(Aufgabe auf Seite 21)

Packet Switching: jedes Paket wird *separat* über das Vermittlungsnetz zugestellt. Die *Folge* von Paketen, die im Rahmen einer Sitzung zum selben Empfänger zugestellt werden, wird nicht berücksichtigt. Insbesondere können Pakete unterschiedliche Routen nehmen und ihre Reihenfolge ändern.

Circuit Switching: vor der Datenübertragung wird eine Verbindung aufgebaut (*Signalisierung*). Das Vermittlungsnetz schaltet die Verbindung für die Dauer einer Sitzung:

- Das Schalten "echter" elektrischer Verbindungen für die Dauer einer Sitzung (wie im alten Telefonnetz) ist bei Computernetzen unüblich (daher *Virtual* Circuit Switching).
- Ein Rechner beantragt beim Vermittlungsnetzwerk durch Signalisieren eine virtuelle Verbindung; jeder Switch auf dem Weg zum Ziel richtet einen Teil der virtuellen Verbindung ein.
- Durch das Konstrukt der Verbindung können Eigenschaften beim Verbindungsaufbau spezifiziert werden, die während der Verbindung erhalten bleiben (z.B. Quality of Service).
- Die Reihenfolge von Paketen bleibt erhalten, da die Laufwege für eine Verbindung fest bleiben.

Lösung zu Aufgabe 27

(Aufgabe auf Seite 21)

a)

- Kleine Zellen mit fester Länge können durch Switches schnell und vollständig in der Hardware durchgeleitet werden.
- Kleine Zellen mit fester Länge vereinfachen auch die Erstellung von Hardware, die viele Zellen parallel verarbeiten kann.
- Darüber hinaus blockieren sie nicht lange die Übertragungsleitungen, so dass die Dienstgüte einfacher gewährleistet werden kann.
- Kleine Zellen reduzieren die Menge an Füllbits im Durchschnitt.

b) Ein Fehler im Header kann schwerwiegende Folgen haben. Eine ungültige Adresse kann beispielsweise dazu führen, dass das Paket dem falschen Host zugestellt wird. Bei den Daten wird in oberen Schichten häufig schon eine Prüfsumme berechnet, so dass es hier redundant wäre. Außerdem gibt es Anwendungen, bei denen fehlerhafte Daten aus Zeitgründen nicht nachgefordert werden können (z.B. Echtzeit-Audio). Hier verzichtet man auf eine Fehlererkennung.

c) Ein entsprechendes Szenario entsteht, wenn man IPv4 über ATM laufen lässt. IPv4 erlaubt den Anwendungen nicht, Dienstgüte-Parameter einzustellen, d.h. IP kann nicht erkennen, welche Anforderungen die Anwendungen haben. ATM kann somit keine Dienstgüte-Parameter erkennen. Anbieter von ATM-Leitungen müssen daher Abschätzungen im vornherein machen. Die Nachteile:

- Die Dienstgüte-Unterstützung von ATM erzeugt Overhead, die Unterstützung wird jedoch nicht von Anwendungen eingefordert.
- Reservierungen im vorneherein können zu pessimistisch sein, d.h. die reservierte Bandbreite wird nicht genutzt. Umgekehrt können Engpässe entstehen, da die Bandbreite nicht zur Verfügung steht.

Lösung zu Aufgabe 28

(Aufgabe auf Seite 21)

Die ATM-Dienstgüte-Klassen sind:

- *CBR (Constant Bit Rate)*: die Anwendung benötigt eine konstante Bit-Rate, die vom Netz permanent zur Verfügung gestellt wird.
- *UBR (Unspecified Bit Rate)*: die Anwendung hat keine zeitkritischen Anforderungen.
- *VBR (Variable Bit Rate)*: die Anwendung hat einen Bandbreiten-Bedarf, der um einen Mittelwert schwanken kann.
- *ABR (Available Bit Rate)*: der Bandbreitenbedarf der Anwendung ist vage und kann sich während der Sitzung ändern.

Beispiele:

- *CBR*: Video-Konferenz
- *UBR*: Email oder Dateitransfer
- *VBR*: Videostreaming (*variabel*, da man Videodaten puffern kann; bei Video-*Konferenz* geht das nicht, ohne eine störende Verzögerung beim Empfänger zu verursachen)
- *ABR*: Sinnvoll, wenn der Netzbetreiber auf Engpässe reagieren möchte. Diese Dienstgüteklasse kann eingesetzt werden, wenn ein Netzbetreiber die ATM-Technologie einsetzen möchte, um z.B. Internet-Verkehr über sie abzuwickeln.

Beispiele mit Paketraten:

- CBR: Die *Peak Cell Rate* (PCR) entspreche einer Bitrate von 100 MBit/s. Dann garantiert das Netzwerk, dass Zellen bis zu einer Datenrate von 100 MBit/s transportiert werden. Werden mehr gesendet, dann werden die entsprechenden Zellen verworfen.
- UBR: Die PCR entspreche einer Bitrate von 1 MBit/s. Dann gibt das Netz keine Garantien bis 1 MBit/s, d.h. bei Überlastung können auch Zellen verworfen werden. Über 1 MBit/s werden die Zellen auf jeden Fall verworfen.
- VBR: Die PCR entspreche einer Bitrate von 100 MBit/s und *Sustained Cell Rate* (SCR) entspreche 10 MBit/s. Die *Maximum Burst Size* (MBS) entspreche einer Dauer von 1 s.
    - Zellen mit Raten größer als 100 MBit/s werden verworfen,
    - Raten bis 10 MBit/s werden garantiert,
    - Raten zwischen 10 und 100 MBit/s werden bis zu einer Sekunde garantiert.
- ABR: Die PCR entspreche einer Bitrate von 100 MBit/s und die *Minimum Cell Rate* (MCR) entspreche 10 MBit/s.
    - Zellen mit Raten größer als 100 MBit/s werden verworfen,
    - Raten bis 10 MBit/s werden garantiert,
    - die Anwendung kann Bandbreiten bis 100 MBit/s anfordern,
    - das Netzwerk kann die gewährten Bandbreiten bis 10 MBit/s reduzieren.

Lösung zu Aufgabe 29

(Aufgabe auf Seite 23)

Tabelle 51: Unterschiede zwischen Distance-Vector- und Link-State-Routing

Kriterium	Distance-Vector	Link-State
Verteilung der Routing-Informationen	Zwischen Nachbarn	Fluten
Distanz-Informationen, die weitergegeben werden	Über alle Knoten	Nur über Nachbarn
Informationen über die Netzwerk-Topologie	Unvollständig	Vollständig
Wegeauswahl	Implizit	Zusätzlicher Wegeaus-wahl-Algorithmus (z.B. Dijkstra)
Count-to-Infinity-Problem	Lösung notwendig	tritt nicht auf

Lösung zu Aufgabe 30

(Aufgabe auf Seite 23)

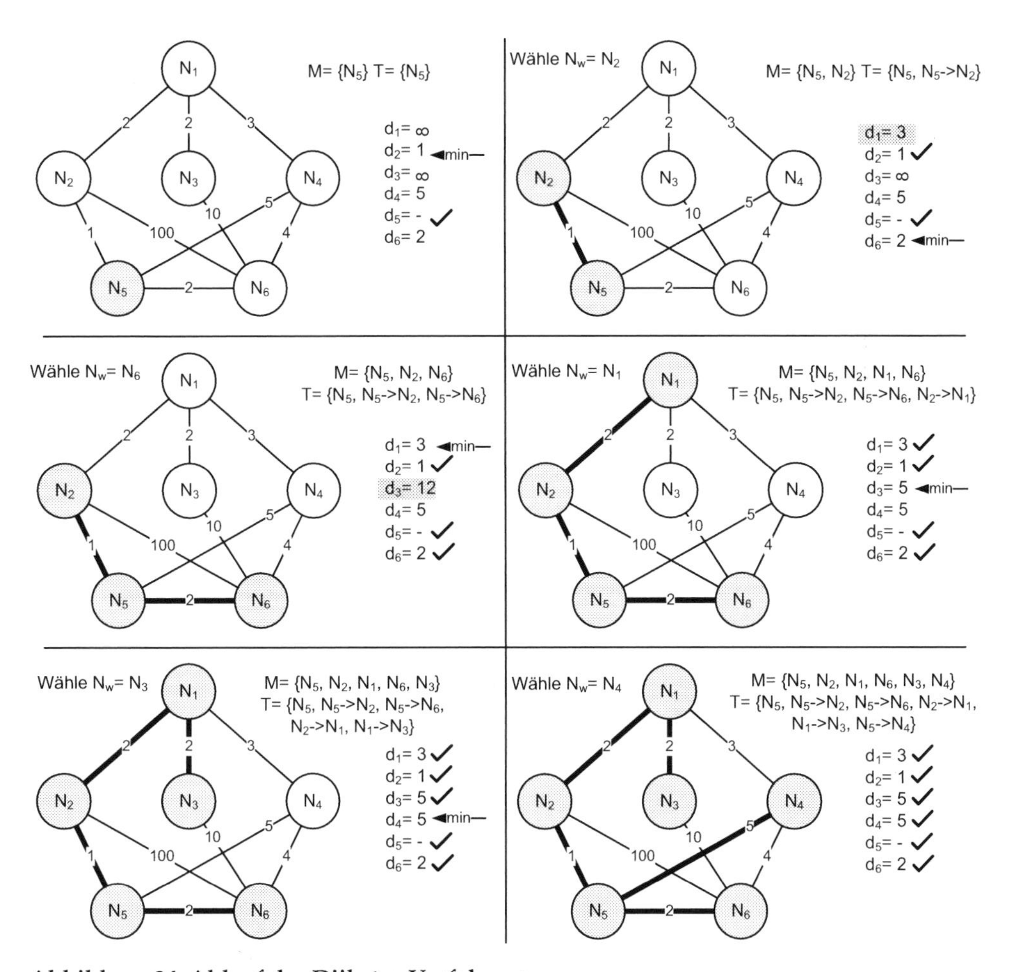

Abbildung 34: Ablauf des Dijkstra-Verfahrens

Lösung zu Aufgabe 31

(Aufgabe auf Seite 24)

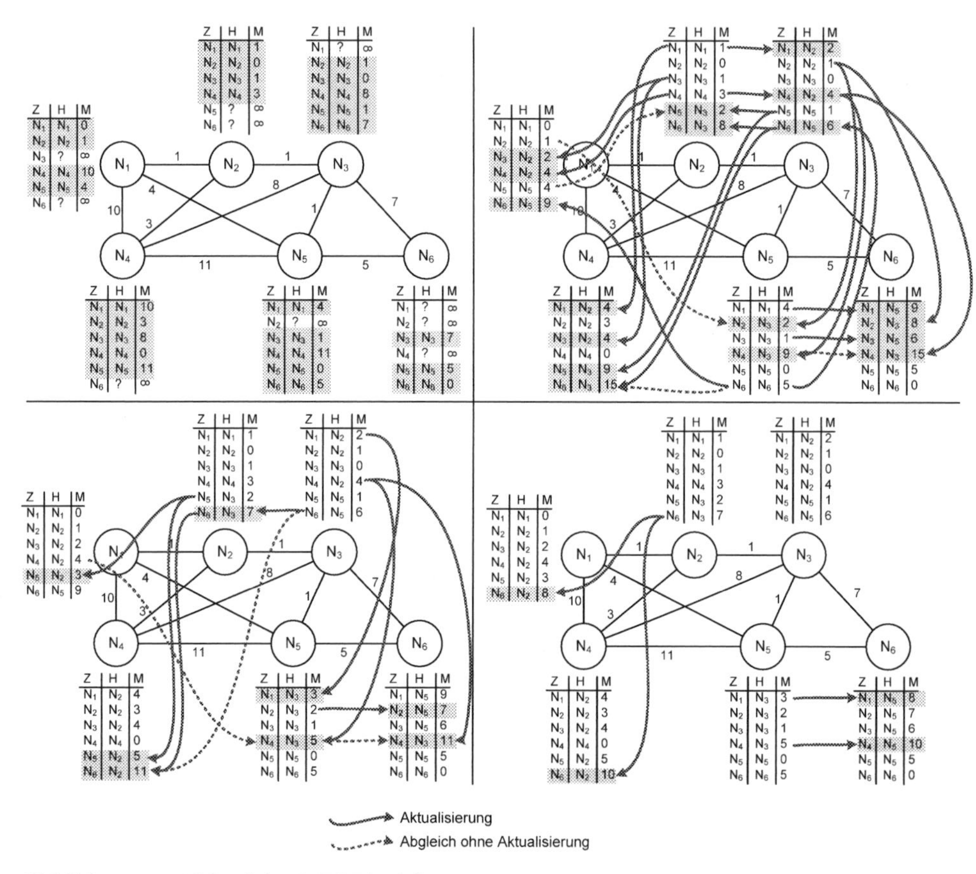

Abbildung 35: Ablauf des DBF-Verfahrens

Lösung zu Aufgabe 32

(Aufgabe auf Seite 26)

Die Topologie des Netzwerks ist in der folgenden Abbildung dargestellt. Diese musste aber zur Lösung der Aufgabe nicht herausgefunden werden.

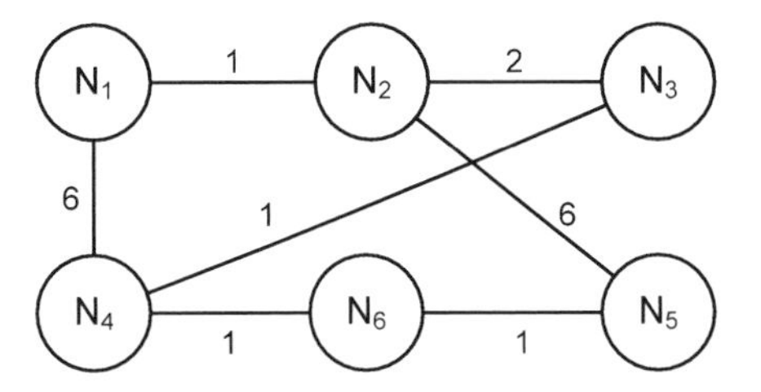

Abbildung 36: Topologie des Netzwerks

Tabelle 52: Routing-Tabellen nach Abgleich N_1 mit N_2 (Lösung)

N_1		
Ziel	Hop	Metrik
N_1	N_1	0
N_2	N_2	1
N_3	N_2	3
N_4	N_4	6
N_5	N_2	7
N_6	N_4	7

N_2		
Ziel	Hop	Metrik
N_1	N_1	1
N_2	N_2	0
N_3	N_3	2
N_4	N_1	7
N_5	N_5	6
N_6	N_1	8

N_3
bleibt unverändert

Tabelle 53: Routing-Tabellen nach Abgleich N_2 mit N_3 (Lösung)

N_1
bleibt unverändert

N_2		
Ziel	Hop	Metrik
N_1	N_1	1
N_2	N_2	0
N_3	N_3	2
N_4	N_3	3
N_5	N_3	5
N_6	N_3	4

N_3		
Ziel	Hop	Metrik
N_1	N_2	3
N_2	N_2	2
N_3	N_3	0
N_4	N_4	1
N_5	N_4	3
N_6	N_4	2

Tabelle 54: Routing-Tabellen nach zweitem Abgleich N_1 mit N_2 (Lösung)

N_1		
Ziel	Hop	Metrik
N_1	N_1	0
N_2	N_2	1
N_3	N_2	3
N_4	N_2	4
N_5	N_2	6
N_6	N_2	5

N_2		
Ziel	Hop	Metrik
N_1	N_1	1
N_2	N_2	0
N_3	N_3	2
N_4	N_3	3
N_5	N_3	5
N_6	N_3	4

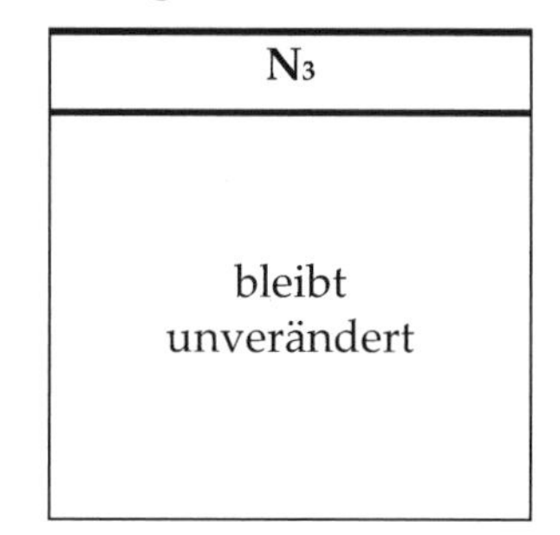

N_3
bleibt unverändert

Lösung zu Aufgabe 33

(Aufgabe auf Seite 27)

a)

Tabelle 55: Routing-Tabellen nach der Unterbrechung zwischen N_2 und N_3 (Lösung)

N_1			
Ziel	Hop	Met	Seq
N_1	N_1	0	70
N_2	N_2	1	64
N_3	?	∞	89

N_2			
Ziel	Hop	Met	Seq
N_1	N_1	1	70
N_2	N_2	0	64
N_3	?	∞	89

N_3			
Ziel	Hop	Met	Seq
N_1	?	∞	71
N_2	?	∞	65
N_3	N_3	0	88

b)

Tabelle 56: Routing-Tabellen nach der Verbindung zwischen N_3 und N_1 (Lösung)

N_1			
Ziel	Hop	Met	Seq
N_1	N_1	0	72
N_2	N_2	1	66
N_3	N_3	1	90

N_2			
Ziel	Hop	Met	Seq
N_1	N_1	1	72
N_2	N_2	0	66
N_3	N_1	2	90

N_3			
Ziel	Hop	Met	Seq
N_1	N_1	1	72
N_2	N_1	2	66
N_3	N_3	0	90

Lösung zu Aufgabe 34

(Aufgabe auf Seite 29)

a) Für dieses Netzwerk gilt:

- $N(N_1) = \{N_2, N_5, N_4, N_8\}$
- $N2(N_1) = \{N_3, N_6, N_7, N_9\}$

MPR(N1) wird wie folgt berechnet:

- Setze zuerst MPR = {}.
- Der Knoten N_3 kann nur über N_2 erreicht werden, damit ist MPR = $\{N_2\}$.
- Für die verbleibenden Knoten N_4, N_5 und N_8 wird berechnet, wie viele Knoten sie aus den noch nicht abgedeckten Knoten N_7 und N_9 abdecken. N_8 hat mit zwei Knoten die größte Abdeckung. Damit ist MPR = $\{N_2, N_8\}$.
- Mit MPR = $\{N_2, N_8\}$ werden alle Knoten aus N2 abgedeckt; die Schleife wird daher verlassen.
- Sowohl MPR\\$\{N_2\}$ als auch MPR\\$\{N_8\}$ decken nicht alle Knoten aus N2 ab, somit ist die Menge $\{N_2, N_8\}$ das Ergebnis.

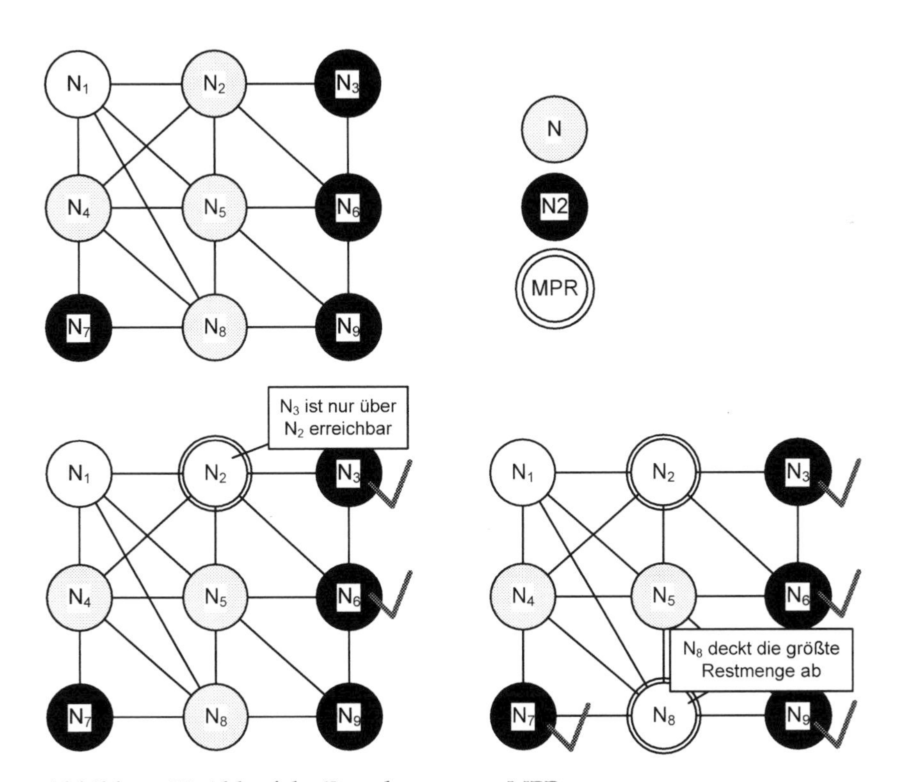

Abbildung 37: Ablauf der Berechnung von MPR

b) Die folgende Abbildung zeigt, wie sich die Tabellen bei jedem Schritt verändern.

Knoten	Selektor
N_7	N_1
N_7	N_8
N_8	N_6
N_8	N_7
N_2	N_1
N_2	N_3
N_2	N_6
N_6	N_2
N_6	N_3
N_6	N_4
N_6	N_8
N_6	N_9
N_4	N_3
N_4	N_5
N_4	N_6
N_4	N_{10}

Ziel	Hop	Metrik
N_1	N_1	0
N_2	N_2	1
N_7	N_7	1

h=1

Knoten	Selektor
~~N_7~~	~~N_1~~
N_7	N_8
N_8	N_6
~~N_8~~	~~N_7~~
~~N_2~~	~~N_1~~
N_2	N_3
N_2	N_6
~~N_6~~	~~N_2~~
N_6	N_3
N_6	N_4
N_6	N_8
N_6	N_9
N_4	N_3
N_4	N_5
N_4	N_6
N_4	N_{10}

Ziel	Hop	Metrik
N_1	N_1	0
N_2	N_2	1
N_7	N_7	1
N_8	N_7	2
N_3	N_2	2
N_6	N_2	2

h=2

Knoten	Selektor
~~N_7~~	~~N_1~~
~~N_7~~	~~N_8~~
~~N_8~~	~~N_6~~
~~N_8~~	~~N_7~~
~~N_2~~	~~N_1~~
~~N_2~~	~~N_3~~
~~N_2~~	~~N_6~~
~~N_6~~	~~N_2~~
~~N_6~~	~~N_3~~
N_6	N_4
~~N_6~~	~~N_8~~
N_6	N_9
~~N_4~~	~~N_3~~
N_4	N_5
~~N_4~~	~~N_6~~
N_4	N_{10}

Ziel	Hop	Metrik
N_1	N_1	0
N_2	N_2	1
N_7	N_7	1
N_8	N_7	2
N_3	N_2	2
N_6	N_2	2
N_4	N_2	3
N_9	N_2	3

h=3

Knoten	Selektor
~~N_7~~	~~N_1~~
~~N_7~~	~~N_8~~
~~N_8~~	~~N_6~~
~~N_8~~	~~N_7~~
~~N_2~~	~~N_1~~
~~N_2~~	~~N_3~~
~~N_2~~	~~N_6~~
~~N_6~~	~~N_2~~
~~N_6~~	~~N_3~~
~~N_6~~	~~N_4~~
~~N_6~~	~~N_8~~
~~N_6~~	~~N_9~~
~~N_4~~	~~N_3~~
N_4	N_5
~~N_4~~	~~N_6~~
N_4	N_{10}

Ziel	Hop	Metrik
N_1	N_1	0
N_2	N_2	1
N_7	N_7	1
N_8	N_7	2
N_3	N_2	2
N_6	N_2	2
N_4	N_2	3
N_9	N_2	3
N_5	N_2	4
N_{10}	N_2	4

Abbildung 38: Veränderung der OLSR-Tabellen

Damit ergibt sich folgender Baum der kürzesten Wege:

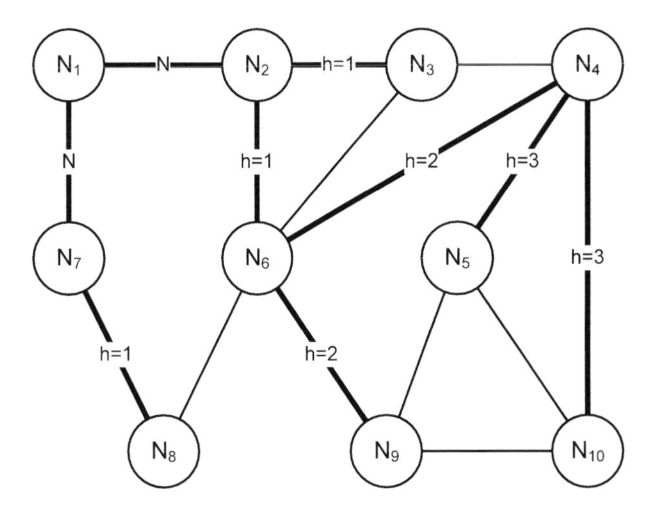

Abbildung 39: Kürzeste Wege nach dem OLSR-Verfahren

Lösung zu Aufgabe 35

(Aufgabe auf Seite 32)

a) Beim Wegfall einer Verbindung könnte ein Knoten schließen, er könnte nicht erreichbare Knoten noch über einen dritten erreichen. Wenn dieser dritte aber auch die weggefallene Verbindung benutzt hätte, ist dieser Schluss falsch. Als Folge werden die Distanzen zwar sukzessive pro Abgleich erhöht, der Wegfall wird aber nicht explizit registriert.

Lösungen:

- Man betrachtet eine bestimmte *endliche* Zahl von Hops als unendlich.
- Split Horizon: sendet ein Knoten seine Routing-Tabelle an einen Nachbarn, schickt er nicht die Einträge, die er von diesem Nachbarn erhalten hat. Das löst aber nicht alle Probleme. So kann man schon mit drei abgetrennten Knoten einen Problemfall konstruieren, der dadurch nicht gelöst wird.
- Verwendung von Versionsnummern (DSDV).

b)

- Der gesamte Weg zum Ziel wird schon beim Sender (Source) ermittelt.
- Das Paket trägt die komplette Weginformation als Liste mit sich, Router (oder Switches) müssen lediglich das jeweils nächste Listenelement auswerten.
- Source Routing kann als dritte Kategorie der Paketvermittlung neben Packet-Switching und Circuit-Switching angesehen werden.
- Problem: der Sender muss selbst den gesamten Weg zum Ziel ermitteln – bei großen Netzwerken kann das aufwändig sein.

c)

- Verteilen von Informationen (z.B. Nachbarschaftsinformation), ohne dass man schon Wege oder die Topologie kennt.
- Vereinfacht: ein Paket wird an alle Nachbarn außer dem Sender versendet, die wiederum dieses Paket an ihre Nachbarn weitergeben – hierdurch wird das gesamte Netzwerk erreicht.
- Über TTL-Einträge wird verhindert, dass Pakete ewig kreisen.
- Über Zeitstempel (oder einfacher Versionsnummern) kann ein Empfänger erkennen, ob er die entsprechende Information schon erhalten hat. Alte Pakete können auch dadurch vom Fluten ausgenommen werden.

d) Fall1: Wegfall von Verbindungen zum Nachbarn. Angenommen, N_i erreicht Nachbar Nj nicht mehr. Für alle x mit $H_{ix} = N_j$ muss N_i dann folgende Zuweisung durchführen:

- $H_{ix} \leftarrow ?$
- $M_{ix} \leftarrow \infty$

Fall2: Analog zu Fall1 kann eine Distanz zwischen Nachbarn N_i und N_j erhöht werden, ohne dass eine Verbindung wegfällt. Dann wird die neue Distanz in M_{ij} und M_{ji} eingetragen.

Fall3: Der nächste Hop (Nachbar) hat seine Distanz zu einem beliebigen anderen Knoten durch Aktualisierung erhöht. Angenommen der Knoten N_i erhält einen Distanzvektor von N_j. Für alle x mit $H_{ix} = N_j$ muss N_i dann folgende Zuweisung durchführen:

- $M_{ix} \leftarrow M_{ij}+M_{jx}$

Lösung zu Aufgabe 36

(Aufgabe auf Seite 33)

a) Sie benötigen eine Klasse-B-Adresse. Sie belegen nur 5000 von 65536 möglichen Adressen, das sind 7,6%.

b) Die Anzahl der Abteilungen soll nicht mehr signifikant wachsen, deshalb sind 6 Bits für das Subnetz ausreichend. Damit bleiben 10 Bits für den Host, d.h. es können 1022 Hosts adressiert werden. Die Subnetz-Maske lautet `255.255.252.0`.

c) Es werden 20 Klasse-C-Adressen benötigt (da $20 \cdot 254 = 5080 \geq 5000$). Man wird daher einen Block von 32 Klasse-C-Adressen vergeben, bei dem die ersten 19 Bits gleich lauten. (Von den 24 Bits Netzwerkteil für C-Netz-Adressen bleiben 5 Bits variabel für den 32er Block, also 19 Bits fest.) Ein Beispiel wäre `221.65.160.0` - `221.65.191.255`.

Lösung zu Aufgabe 37

(Aufgabe auf Seite 33)

Die LANs 1 und 2 zerlegen das Paket jeweils, während die LANs 3 und 4 die Größe beibehalten. Es wird wie folgt fragmentiert:

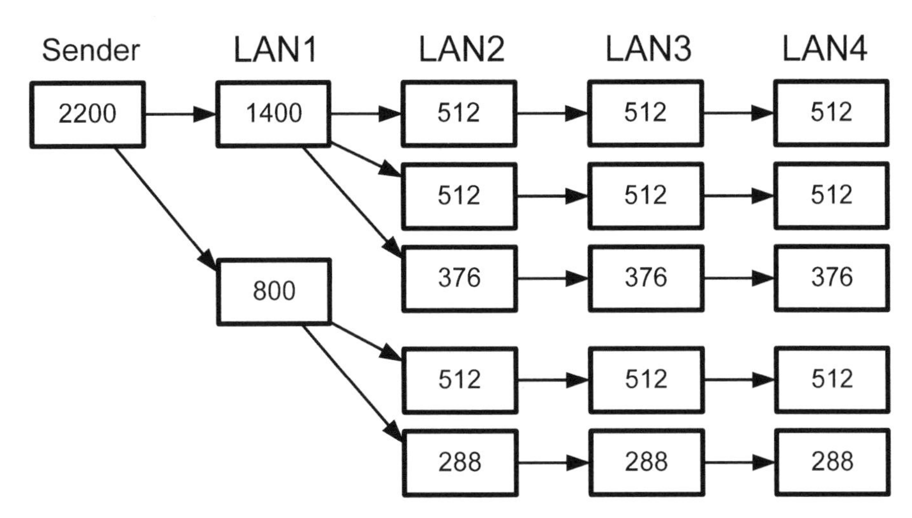

Abbildung 40: Fragmentierung eines IP-Pakets

Lösung zu Aufgabe 38

(Aufgabe auf Seite 34)

a) Es gibt folgende Aufteilung der Klassen-Adressen:

Tabelle 57: Zuordnung der IPv4-Adressen zu Klassen

Adressbereich	Klasse
0.0.0.0 - 127.255.255.255	A
128.0.0.0 - 191.255.255.255	B
192.0.0.0 - 223.255.255.255	C
224.0.0.0 - 239.255.255.255	D
240.0.0.0 - 255.255.255.255	E

Daraus ergibt sich folgende Zuordnung:

Tabelle 58: Beispiele für IP-Adressen (Lösung)

IP-Adresse	Adress-Klasse	Besonderheit
200.200.200.200	C	
85.6.200.1	A	
249.101.5.1	E	Zukünftige Erweiterung
192.168.5.3	C	Private Adresse
178.11.11.99	B	
127.0.0.1	A	Loop-Back-Adresse
32.88.9.24	A	
172.20.111.23	B	Private Adresse
10.254.55.6	A	Private Adresse
225.3.3.64	D	Multicast-Gruppe

b)

Tabelle 59: IP-Paket-Übertragungen innerhalb und außerhalb des Subnetzes (Lösung)

IP-Adresse	Subnetz-Maske	Ziel-Adresse	Verlässt Subnetz?
132.176.67.44	255.255.255.0	132.176.67.200	nein
132.176.67.44	255.255.255.0	132.176.68.44	ja
201.20.222.13	255.255.255.240	201.20.222.17	ja
15.200.99.23	255.192.0.0	15.239.1.1	nein
172.21.23.14	255.255.255.0	172.21.24.14	nein (private Adresse)
210.5.16.199	255.255.255.252	210.5.16.196	nein
210.5.16.199	255.255.255.252	210.5.16.195	ja
5.5.5.5	255.254.0.0	5.6.6.6	ja

Lösung zu Aufgabe 39

(Aufgabe auf Seite 35)

a)

```
Ident=101, M=0, Offset=0, Daten="dddd...cccc..bbbb....aaaa..." [2368]

Ident=102, M=0, Offset=0, Daten="1111...2222..." [512]

Ident=103, M=0, Offset=0, Daten="YYYY...ZZZZ...bbbb..." [1200]

Ident=104, M=0, Offset=0, Daten="0000..." [32]
```

b) Folgende Lücken sind geblieben:

`Ident=103`: Bereich 800-879

`Ident=105`: Bereich 512-767

Das heißt, es wird Paket 103 und 105 komplett nachgefordert.

Lösung zu Aufgabe 40

(Aufgabe auf Seite 36)

a)

- MAC-Adressen werden nach Herstellern vergeben – Netzwerk-Karten mit ähnlichen Adressen können weit entfernt eingesetzt werden.
- Eine MAC-Adresse lässt daher keinen Rückschluss auf den Standort im Netzwerk zu, sie ist daher zum Routing ungeeignet.
- IP-Adressen sind dagegen hierarchisch angeordnet, d.h. sie spiegelt die Topologie des Internets wider.

b) Ein Rechner hat genauso viele IP-Adressen wie er Netzwerkadapter hat. Ein Netzwerkadapter kann dabei auch ein serieller Anschluss, eine Bluetooth- oder IrDA-Einrichtung sein, wenn man IP darauf aufsetzt. Schließlich gibt es auch virtuelle Netzwerkadapter wie VPN-Verbindungen oder Netzwerkadapter innerhalb virtueller Maschinen.

Router haben mindestens zwei IP-Adressen.

c)

- Lokale Adresse (repräsentiert auf jedem Rechner den Rechner selbst):
  `127.0.0.1`
- Private Netzwerke (Pakete werden nicht aus dem Subnetz heraus gesendet):
  `10.0.0.1 - 10.255.25.254,`
  `172.16.0.1 - 172.31.255.254,`
  `192.168.0.1 - 192.168.255.254`
- Klasse D- und E-Netzadresse (Multicast und reserviert):
  `224.0.0.0 - 239.255.255.255,`
  `240.0.0.0 - 247.255.255.255`

d)

- Ein IP-Paket muss letztendlich über Schicht-2-Mechanismen (z.B. Ethernet) versendet werden.
- Jeder Netzwerkknoten (Router oder Host) braucht deshalb eine Tabelle, die die Zuordnung IP-Adr → MAC-Adresse ermöglicht.

- Jeder Host führt einen Cache über schon aufgelöste Adressen; steht eine gesuchte IP-Adresse nicht im Cache, wird eine Suchanfrage über Broadcast versendet.
- Der Host mit der entsprechenden IP-Adresse antwortet mit seiner MAC-Adresse.

e)

- Abgetrennte Subnetze bekommen nur eine einzige Adresse zugewiesen (die des NAT-Routers).
- Innerhalb des abgetrennten Netzes werden private Adressen verwendet (die weltweit beliebig oft eingesetzt werden können).
- Der Router übernimmt die Aufgabe, Pakete, die von außen an Router-Adresse gesendet werden, im Subnetz zu verteilen. Dabei ersetzt er die Zieladresse durch die jeweilige private Adresse.
- Der Router muss sich dazu eine Liste aller offenen Verbindungen merken.

f)

- Router werden kompliziert.
- Es gibt keine eindeutige Trennung mehr zwischen der Vermittlungs- und der Transportschicht.
- Eingebundene Rechner sind keine "vollen" IP-Knoten (Weiterleitung u.U. nicht eindeutig).
- IPv6 löst das Problem der Adressen auch.

Lösung zu Aufgabe 41

(Aufgabe auf Seite 36)

a) Während der Ausführung von Traceroute könnte sich die Route aufeinanderfolgender Pakete ändern. Beispielsweise könnte bei der Abfrage mit TTL = 1 eine Route verwendet werden, bei TTL = 2 ein andere. Das Ergebnis aus der ersten Abfrage würde dennoch als ersten Zwischenschritt gewertet, auch wenn er nicht zur zweiten Abfrage passt.

b) IP benutzt die Netzadressen zum Routing – behält der Rechner seine Adresse, ist er im Fremdnetz nicht mehr auffindbar.

c) DHCP vergibt in jedem Fremdnetz eine neue Adresse – damit ist ein mobiler Rechner für Dienstnutzer nicht mehr über die IP-Adresse identifizierbar.

d) Es könnte sein, dass mehrere DHCP-Server im Subnetz verfügbar sind und beide antworten.

e) Rechner können einfacher in ein Subnetz eindringen. Rechner können durch falsche Netzwerkkonfigurationsdaten ausgespäht werden.

f) Das Problem des zu knapp werden Adressraums.

g) BGP wird zur Wegeauswahl zwischen Netzwerken verwendet (*Inter-Domain-Routing*).

- Das Internet wird als Zusammenschluss von so genannten *Autonomen Systemen* (AS) angesehen.
- Jedes AS teilt seinen Nachbar-ASen mit, welche andere AS es erreichen kann und teilt dabei jeweils den *gesamten Pfad* mit.
- Jede AS überprüft, ob es Bestandteil von zugesendeten Routen ist. In solchen Fällen wird die Information verworfen, da eine Schleife vorliegt.
- Jede AS trifft auf der Basis *eigener Regeln* eine Entscheidung, welche Routen es zu verschiedenen ASen verwendet. Diese Regeln decken u.a. kommerzielle Gesichtspunkte ab und berücksichtigen beispielsweise Verträge zwischen verschiedenen Providern.

Lösung zu Aufgabe 42

(Aufgabe auf Seite 36)

a)

- 255.255.255.248
- 255.255.252.0
- 255.255.255.240

b)

Tabelle 60: Rechneradressen in Subnetzen (Lösung)

Rechneradresse	Subnetz-Maske	Kleinste Rechneradresse	Größte Rechneradresse
151.175.31.100	255.255.254.0	151.175.30.1	151.175.31.254
151.175.31.100	255.255.255.240	151.175.31.97	151.175.31.110
151.175.31.100	255.255.255.128	151.175.31.1	151.175.31.126

Lösung zu Aufgabe 43

(Aufgabe auf Seite 39)

a) Schicht 4 hat im Gegensatz zu Schicht 2 im Zusammenhang mit Sliding Window folgende Eigenschaften: expliziter Verbindungsauf- und -abbau, Round-Trip-Zeit schwankt stärker, Pakete können umgeordnet werden, Puffergrößen ändern sich zur Laufzeit, Router-Überlastung möglich.

b) Flusskontrolle: Abstimmen der Senderate auf den Empfänger. Überlastkontrolle: Abstimmen der Senderate auf die Vermittlungsinfrastruktur.

c) Multiplikative Erhöhung der Paketrate beim Start einer Verbindung. Die Paketrate soll sich am Anfang schnell an das Maximum annähern.

Lösung zu Aufgabe 44

(Aufgabe auf Seite 39)

a) Pakete können durch Router-Überlastung verloren gehen.

b) UDP: Audio-Übertragung, Suchanfragen im Netz. TCP: Zuverlässige, bidirektionale Daten-Verbindungen für z.B.

- Datenbankanfragen
- WWW
- Dateitransfer
- Drucken

c)

- Garantierte Übertragung von Nachrichten
- Herstellen der Sende-Reihenfolge
- Unterstützung beliebig großer Nachrichten
- Unterstützung mehrerer Anwendungsprozesse
- Flusskontrolle
- Überlastkontrolle

d)

- Es wurden genug Bytes gepuffert, um eine TCP-Nachricht ohne IP-Fragmentierung zu versenden.
- Die Anwendung wünscht explizit, die bisher gepufferten Bytes zu versenden (`flush`).
- Ein periodischer Timer ist abgelaufen.

e) Duplicate ACKs sind uns schon auf der Sicherungsschicht begegnet:

- Duplicate ACKs sind mehrfache ACKs über das gleiche Segment.
- Da ein ACK eine Reaktion auf ein empfangenes Segment ist, kann ein Sender vermuten, dass ein Segment verloren ging.
- *TCP Fast Retransmission* wartet drei duplicate ACKs ab, bis es das Segment erneut sendet.
- Unterschied zur Sicherungsschicht: Durch Reihenfolgeveränderungen kann man aus einem duplicate ACK nicht sofort *sicher* schließen, dass ein Segment verloren ging, da das Segment noch unterwegs sein kann.

Lösung zu Aufgabe 45

(Aufgabe auf Seite 40)

Tabelle 61: Beispiel einer TCP-Sitzung (Lösung)

	Last Byte Acked	Effective Win	Send	Last Byte Sent	Last Byte Read	Last Byte Rcvd	Next Byte Exp	Advertised Win	ACK (kum;win)
1			(1..50)	50	0	50	51	150	(50;150)
2	50	150	(51..200)	200	10	200	201	10	(200;10)
3	200	10	(201..210)	210	20	210	211	10	(210;10)
4	210	10	(211..220)	220	30	220	216(!)	10	(215;10)
5	215	5	(221..225)	225	40	225	226	15	(225;15)
6	225	15	(226..240)	240	50	240	241	10	(240;10)
7	240	10	(241..250)	250	50(!)	250	251	0	(250;0)
8	250	0	(251..251)	251	50	250	251	0	(250;0)
9	250	0	(251..251)	251	60	251	252	9	(251;9)
10	251	9	(252..260)	260	70	260	261	10	(260;10)

Bemerkungen:

- Bei Zeitindex 4 quittierte der Empfänger weniger als gesendet wurde. Ein entsprechendes Paket ist verzögert eingetroffen und wurde erst im nächsten Zyklus empfangen und quittiert.
- Bei Zeitindex 7 konsumiert die empfangende Anwendung keine Daten mehr. Als Folge wird das AdvertisementWindow 0. Der Sender versucht daraufhin, ein weiteres Byte zu senden, um ein neues AdvertisementWindow zu erhalten. Bei Zeitindex 9 ist die Blockade behoben.

Lösung zu Aufgabe 46

(Aufgabe auf Seite 41)

a)

Tabelle 62: Entwicklung der TCP-Timeouts (Lösung)

	RTT_{last}	RTT	$Timeout_1$	Deviation	$Timeout_2$
		200	400	10	240
1	200	200	400	8	230
2	190	198	395	8	228
3	180	193	386	9	229
4	210	197	395	10	237
5	200	198	396	8	230
6	190	196	392	7	226
7	210	200	399	8	232
8	190	197	394	8	229

9	210	200	401	8	234
10	100	175	351	25	276
11	90	154	308	35	293
12	80	135	271	40	295
13	90	124	248	38	278
14	110	121	241	32	247
15	100	115	231	27	225
16	100	112	223	24	206
17	90	106	212	22	193
18	110	107	214	17	175
19	100	105	211	14	162
20	90	102	203	13	155

b)

Tabelle 63: Entwicklung der TCP-Timeouts (Lösung)

	RTT_{last}	RTT	$Timeout_1$	Deviation	$Timeout_2$
		100	200	10	140
1	100	100	200	8	130
2	50	88	175	15	148
3	140	101	201	21	185
4	60	90	181	23	184
5	160	108	216	31	230
6	100	106	212	24	204
7	60	94	189	27	202
8	50	83	167	29	197
9	150	100	200	34	236
10	100	100	200	25	202
11	160	115	230	30	236
12	100	111	222	26	213
13	105	110	219	20	191
14	90	105	210	19	181
15	100	104	207	15	164
16	105	104	208	12	150
17	100	103	206	9	141
18	95	101	202	9	135
19	105	102	204	7	131
20	100	101	203	6	124

c)

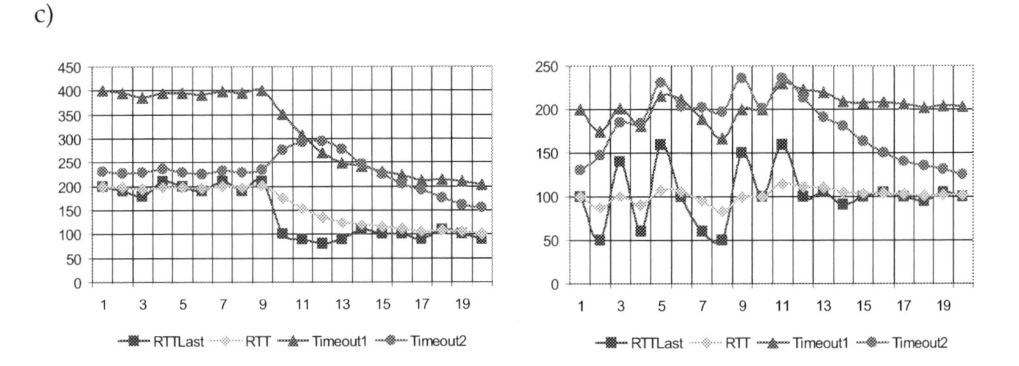

Abbildung 41: Grafische Auswertung der TCP-Timeouts (links Teil a, rechts Teil b)

Die Zeiten aus Teil a) sind relativ konstant. Hier zeigt sich der Vorteil der Formel von Jacobson/Karels: Der Timeout liegt nur knapp oberhalb der Round-Trip-Zeit. Die Ausnahme bildet lediglich der Sprung bei Zeitindex 10 – hier ist Formel 1 kurzzeitig günstiger.

In Teil b) liegt zuerst eine Phase von großen Schwankungen der Round-Trip-Zeiten vor. Hier sind beide Formeln in etwa gleich günstig. Erst als sich nach Zeitindex 12 die Zeiten stabilisieren, produziert Formel 2 günstigere Werte.

Lösung zu Aufgabe 47

(Aufgabe auf Seite 45)

a)

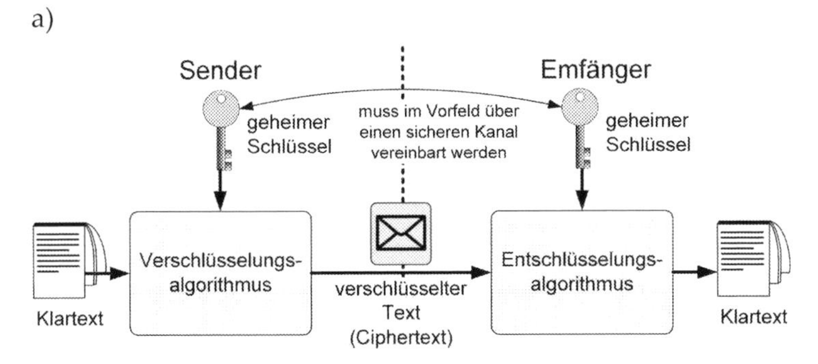

Abbildung 42: Symmetrische Verschlüsselung

b)

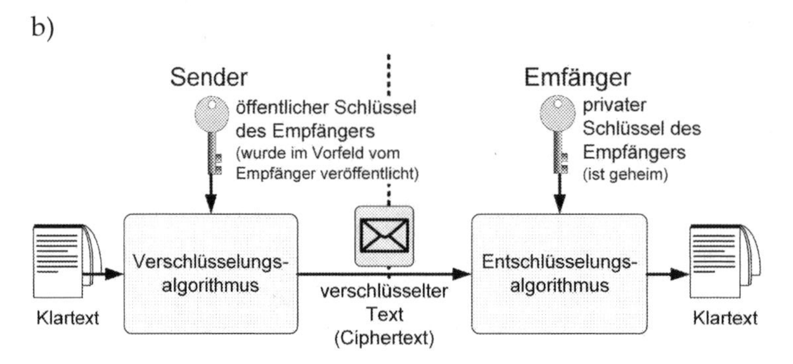

Abbildung 43: Asymmetrische Verschlüsselung

c)

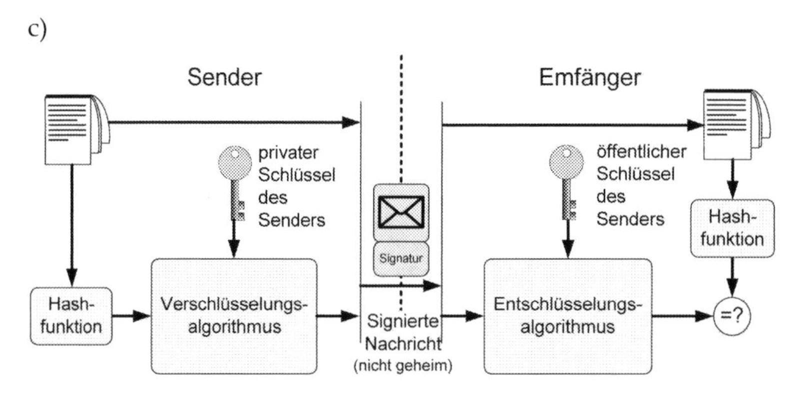

Abbildung 44: Digitale Signatur

Lösung zu Aufgabe 48

(Aufgabe auf Seite 45)

a) Z.B. Vertraulichkeit, Authentizität, Integrität aber auch Nicht-Anfechtbarkeit, Zugriffssteuerung, Verfügbarkeit

b) Sicherheit durch Geheimhaltung der angewendeten Verfahren; heute hat sich die Meinung durchgesetzt, dass die Verfahren veröffentlicht werden sollten und die Sicherheit nur auf der Geheimhaltung der Schlüssel basieren darf.

c) Symmetrisch: DES, TDEA, AES; asymmetrisch: RSA, Elgamal

d) Symmetrisch: geheimer Schlüssel, asymmetrisch: privater, öffentlicher Schlüssel

e) Brute-Force-Angriffe

f) Hashfunktionen

g) Einweg-Schlüssel bei dem Challenge-Response-Verfahren

Lösung zu Aufgabe 49

(Aufgabe auf Seite 46)

10^{15} Schlüssel pro Sekunde entspricht $8{,}64 \cdot 10^{19}$ Schlüssel pro Tag. Man benötigt eine Schlüssellänge, die mehr Kombinationen für einen Schlüssel als $8{,}64 \cdot 10^{19}$ zulässt. Aus $\log_2(8{,}64 \cdot 10^{19}) = 66{,}23$ folgt, dass der Schlüssel 67 Bits haben muss.

Lösung zu Aufgabe 50

(Aufgabe auf Seite 46)

Der Angreifer fängt das verschlüsselte Paket $\tilde{P} = \tilde{D} \| \tilde{C}$ ab. Von den ursprünglichen Daten kennt er nur einige Bits. Er erzeugt einen Bitvektor M wie folgt:

- M enthält an allen Stellen eine 0, bei denen der Angreifer keine Kenntnis über das entsprechende Klartext-Bit hat.
- An den Stellen, die der Angreifer kennt, steht in M eine 0, wenn das entsprechende Bit so bleiben soll, und eine 1, wenn das entsprechende Bit im neuen Paket anders gesetzt werden soll.

Offensichtlich gilt $D_2 = D \oplus M$ und weiter $\tilde{D}_2 = D_2 \oplus Z_D = D \oplus M \oplus Z_D = \tilde{D} \oplus M$. Damit kann $\tilde{D}_2$ effektiv aus dem abgefangenen Paket berechnet werden.

Bleibt nun noch die Modifikation der Prüfsumme, denn diese bezieht sich auf die ursprünglichen Daten, d.h. die Modifikation der Daten würde mit großer Wahrscheinlichkeit auffallen. Gesucht wird also $\tilde{C}_2 = CRC(D_2) \oplus Z_C$. Es gilt:

$$\begin{aligned}
\tilde{C}_2 &= CRC((D_2) \oplus Z_C) \\
&= (CRC(D \oplus M) \oplus Z_C) \\
&= (CRC(D) \oplus CRC(M) \oplus CRC(0) \oplus Z_C) \\
&= ((CRC(D) \oplus Z_C) \oplus CRC(M) \oplus CRC(0)) \\
&= ((C \oplus Z_C) \oplus CRC(M) \oplus CRC(0)) \\
&= (\tilde{C} \oplus CRC(M) \oplus CRC(0))
\end{aligned}$$

Damit kann auch $\tilde{C}_2$ nur aus bekannten Größen abgeleitet werden. Bemerkenswert ist hier, dass die verschlüsselte Prüfsumme eines Pakets berechnet werden kann, dessen Inhalt der Angreifer *nicht* komplett kennt.

Lösung zu Aufgabe 51

(Aufgabe auf Seite 47)

a) Das Schlüsselpaar wird wie folgt berechnet:

- $p = 3$, $q = 11$, damit $n = p \cdot q = 33$, $\Phi(n) = (p-1) \cdot (q-1) = 20$.
- Man wähle ein e mit $ggT(e, \Phi(n)) = 1$, $1 < e < \Phi(n)$, es gibt nur ein e mit $e \leq 6$ nämlich $e = 3$.
- $d = 7$, denn $d \cdot e \bmod \Phi(n) = 1$.
- Damit ist der private Schlüssel (d, n) = (7, 20), der öffentliche (e, n) = (3, 20).

b) $C = M^e \bmod n = 15^3 \bmod 33 = 9$.

c) $M = C^d \bmod n = 19^7 \bmod 33 = 13$.

d) Man probiert mögliche Klartexte durch:

$0^3 \bmod 15 = 0$ ist ungleich 4
$1^3 \bmod 15 = 1$ ist ungleich 4
$2^3 \bmod 15 = 8$ ist ungleich 4
$3^3 \bmod 15 = 12$ ist ungleich 4
$4^3 \bmod 15$ *ist gleich* 4, die ursprünglichen Nachricht war also 4

Lösung zu Aufgabe 52

(Aufgabe auf Seite 49)

a)

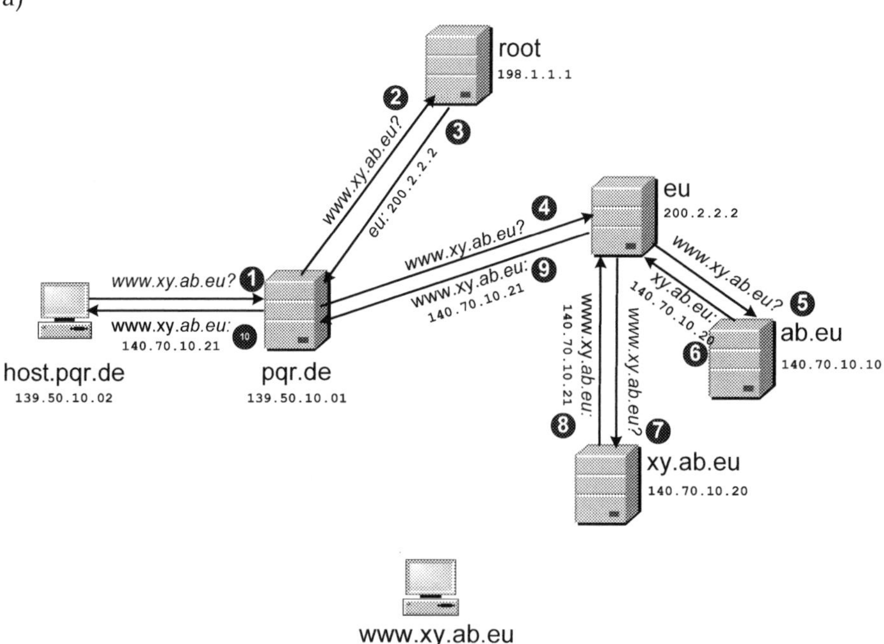

Abbildung 45: Ablauf einer DNS-Anfrage (Lösung)

b)

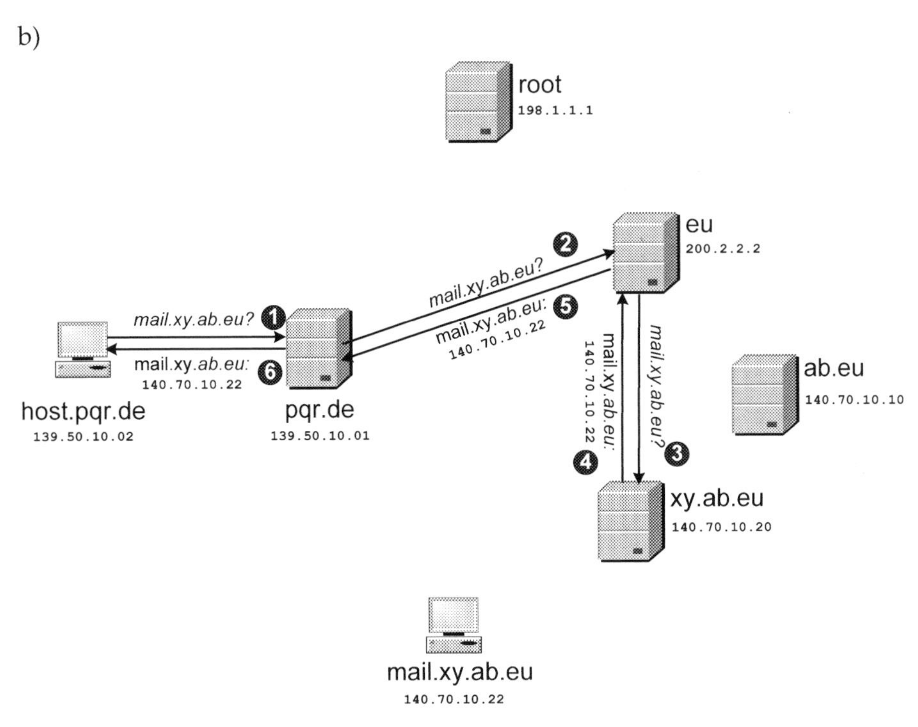

Abbildung 46: Ablauf einer weiteren DNS-Anfrage (Lösung)

Lösung zu Aufgabe 53

(Aufgabe auf Seite 51)

a)

Tabelle 64: Kombinierte Definition von Einfügeposition und Sonderzeichen (Lösung)

Code	w	h	r	d	
128	0	1	2	3	4
129	5	6	7	8	9
…	…				
245	585	586	587	588	589
246:ö	590	**591**			

Die Ziffern der 35-adischen Entwicklung von 591 sind (31, 16). Daraus ergibt sich die Ziffernfolge `5qa`. Zusammengesetzt ergibt sich `www.xn--whrd-5qa.de`.

b) Die Ziffernwerte von ela sind (4, 27, 0) mit dem Gesamtwert 949.

Tabelle 65: Kombinierte Definition von Einfügeposition und Sonderzeichen (Lösung 2)

Code	n	e	t	z	w	r	k	
128	0	1	2	3	4	5	6	7
129	8	9	10	11	12	13	14	15
...	...							
245	936	937	938	939	940	941	942	943
246:ö	944	945	946	947	948	**949**		

Somit heißt die Domain www.netzwörk.com.

Lösung zu Aufgabe 54

(Aufgabe auf Seite 54)

a) Das Domain Name System besteht aus:

- dem *Namensraums*: wie sind Rechnernamen *syntaktisch* aufgebaut
- einer *organisatorischen Struktur*: wer darf Namen vergeben, gibt es *inhaltliche* Bedingungen für Namen
- dem *Auflösungsmechanismus*: welches *verteilte* Verfahren implementiert die Abbildung Name → IP-Adresse

b)

- Ein Name besteht aus Labels, getrennt durch ".".
- Labels bestehen aus Buchstaben, Ziffern und "-"; nach den ursprünglichen Regeln müssen sie mit Buchstaben beginnen und dürfen nicht mit "-" enden; die Länge ist max. 63 Zeichen. Mittlerweile werden einige Anforderungen gelockert und man erlaubt beispielsweise Labels, die mit Ziffern beginnen.
- Ein Name darf max. 255 Zeichen lang sein.

c) Einteilung nach

- Organisationsform, z.B. mil, gov, edu
- Land oder Geographie, z.B. de, at, ch, eu
- Inhalt, z.B. info, biz

d) org, com, gov, edu, net, de

e)

- .de: Betreiber ist in Deutschland ansässig
- fh-<stadt>.de: Fachhochschulen in Deutschland
- .name: Betreiber ist eine Privatperson
- .ac.uk: Hochschule in Großbritannien

f)

- Jeder Zonen-Nameserver kennt die Hosts seiner Zone sowie die Nameserver der untergeordneten Zonen. Darüber hinaus kennt jeder Nameserver die Nameserver der Root-Zone.
- Ein lokaler Rechner kennt seinen lokalen Zonen-Nameserver.
- Startet man beim lokalen Zonen-Nameserver, kann dieser sich über die Root-Zone bis zur gewünschten Zone weiterhangeln.
- Ein Nameserver kann auf Anfrage entweder die gewünschte Antwort geben (wenn er sie kennt), einen geeigneteren Nameserver zurückgeben, oder einen geeigneteren Nameserver selbst fragen.

g)

- `A`: Hostname → IP-Adresse
- `NS`: Domain → Nameserver
- `CNAME`: Aliasname → Hostname
- `MX`: Domain → Name des eingehenden Email-Servers

h) autoritativ, iterativ, rekursiv

Lösung zu Aufgabe 55

(Aufgabe auf Seite 55)

a)

- URNs: Namen für Objekte, z.B. `urn:ietf:rfc:2648` für das RFC 2648
- URLs: Namen zu Netzwerkdiensten, Ressourcen im Internet z.B.
  - `http://www.wireless-earth.de` für eine Website
  - `lpr://192.168.1.20:515` für einen Netzwerkdrucker
- URIs: Oberbegriff für URNs und URLs

b) Die Form einer URL kann man wie folgt darstellen:

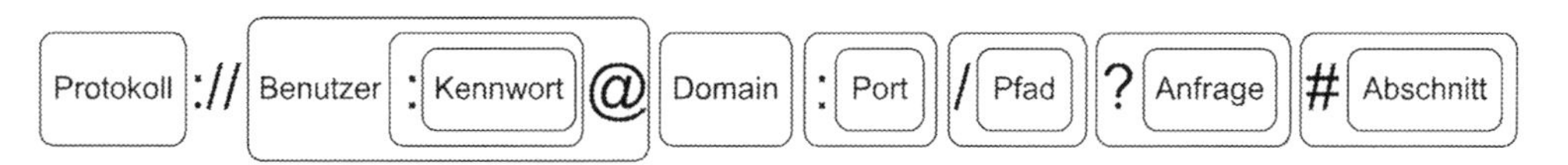

Abbildung 47: Aufbau von URLs

- je nach Protokoll sind unterschiedliche Felder vorgesehen
- manchmal werden Komponenten automatisch ergänzt (z.B. im WWW-Umfeld: relative Pfade, Default-Portnummer)
- einige Protokolle verwenden kein "//" z.B. `mailto`

Die Felder im Einzelnen:

- *Protokoll*: das Internet-Protokoll für den Zugriff
- *Benutzer/Kennwort*: Zugangsinformationen
- *Domain*: der Domainname gemäß DNS
- *Port*: die TCP-Portnummer für die Kommunikation
- *Pfad*: ein Dateisystem-Pfad aufgebaut nach Unix-Konvention, d.h. durch "/" getrennte Teilpfade
- *Anfrage*: eine Zeichenkette, die eine Anfrage spezifiziert (z.B. einen Suchbegriff oder einen Prozedurnamen)
- *Abschnitt*: Verweis *in* eine Ressource, z.B. auf den Abschnitt in einer Webseite

c)

- `http`: Verweis auf Web-Inhalte
- `https`: Verweis auf Web-Inhalte über eine gesicherte Verbindung
- `ftp`: Zugriff auf Verzeichnisse eines FTP-Servers
- `mailto`: Verfassen einer Email
- `file`: Zugriff auf Verzeichnisse des lokalen Dateisystems
- `news`: Zugriff auf eine Newsgroup

d)

- `http://www.wireless-earth.de:80/jr.html#Publikationen`
- `ftp://Roth:pw@ftp.anydomain.com/home/roth`
- `mailto:Joerg.Roth@wireless-earth.de`
- `file:///texte/rekomm/uebungen`
- `news://news.ohm-hochschule.de/de.comp.internet`

Lösung zu Aufgabe 56

(Aufgabe auf Seite 57)

- Ein Server ist ein Schwachpunkt aus Sicht der Performance; Peer-to-Peer-Netze skalieren viel besser.
- Eine Server-Architektur muss durch aufwändige Maßnahmen gegen Ausfall gesichert werden; bei Peer-to-Peer-Netze ergibt sich die Ausfallsicherheit konzeptbedingt.
- Die Zugangskontrolle ist bei einem Server einfacher möglich.
- Ein Server ist einfacher zu administrieren und Software-Updates, Fehlerbehandlungen sind einfacher durchzuführen.
- Die Überprüfung von Datenschutz- oder Urheberechtsregeln ist bei Peer-to-Peer-Netzen schwierig, daher ist der Betrieb illegaler Anwendungen (illegale Tauschbörsen) einfacher.
- Peer-To-Peer-Protokolle sind in der Regel komplizierter, da dezentral organisiert.

- Durch das Fehlen einer zentralen Instanz ist das Bezahlwesen bei Peer-to-Peer-Netzen schwierig. Daher ist ein kommerzieller Einsatz von reinen Peer-to-Peer-Netzen kaum möglich.

Die Punkte sind überblicksartig in der folgenden Tabelle zusammengefasst.

Tabelle 66: Vergleich Peer-to-Peer mit Client/Server

Eigenschaft	Peer-to-Peer	Client-Server
Skalierbarkeit	gut	weniger gut
Ausfallsicherheit	gut	weniger gut
Kosten	gering	u.U. hoch
Überwachung, Sicherheit	schwer	einfach
Administrierbarkeit, Zugriffskontrolle	weniger gut	gut
Kommerzieller Einsatz	kaum möglich	einfach

Lösung zu Aufgabe 57

(Aufgabe auf Seite 57)

a)

Tabelle 67: Zugeordnete Index-Bereiche (Lösung)

Rechner	start	end
A	30	8
B	13	24
C	9	12
D	25	29

b)

Tabelle 68: Finger-Tabellen von Rechner A und C (Lösung)

A			
k	start	end	node (Rechner)
1	9	9	C
2	10	11	C
3	12	15	C
4	16	23	B
5	24	7	B

C			
k	start	end	node (Rechner)
1	13	13	B
2	14	15	B
3	16	19	B
4	20	27	B
5	28	11	D

Lösung zu Aufgabe 58

(Aufgabe auf Seite 60)

a)

- File-Sharing (Tauschbörsen)
- Verteiltes Rechnen
- Verteilter Download
- Instant-Messaging, Internet-Telefonie, Groupware

b)

- Es gibt eine Hashtable, die zu einem Schlüssel denjenigen Rechner angibt, der die Ressource mit diesem Schlüssel speichert.
- Diese Hashtable wird *verteilt* abgespeichert.
- Der Zugriff auf eine Ressource erfolgt zweistufig: erst sucht ein Rechner denjenigen Rechner, der den fraglichen Anteil der Hashtable verwaltet. Dort findet er den Eintrag über den Rechner, der die Ressource speichert.

Achtung: Ein Rechner, der einen Schlüssel speichert, ist in der Regel *nicht* der Rechner, der die Ressourcen mit diesem Schlüssel speichert.

c) N sei die Anzahl der Rechnerknoten.

Komplexität von `lookup`:

- Im schlechtesten Fall wird die Menge der verbleibenden Knoten bei jedem Schleifendurchlauf halbiert.
- Beim ersten Durchlauf bleiben N/2, dann N/4… Knoten.
- Daher braucht man log(N) Durchläufe, um von N auf 1 zu kommen.

Also benötigt man O(log N) Operationen.

Komplexität von `join`:

- Eigene Finger-Einträge anlegen: Es müssen O(log N) eigene Einträge angelegt werden; jeder Eintrag erfordert ein lookup, also O(log N) Nachrichten.
- Zusätzlich müssen die Finger-Einträge anderer Knoten auf den neuen Bereich geändert werden: O(log N) Knoten haben n als Finger-Eintrag; auch hier benötigt man pro Eintrag O(log N) Nachrichten.

Also benötigt man $O(\log^2 N)$ Operationen.

Lösung zu Aufgabe 59

(Aufgabe auf Seite 60)

a)

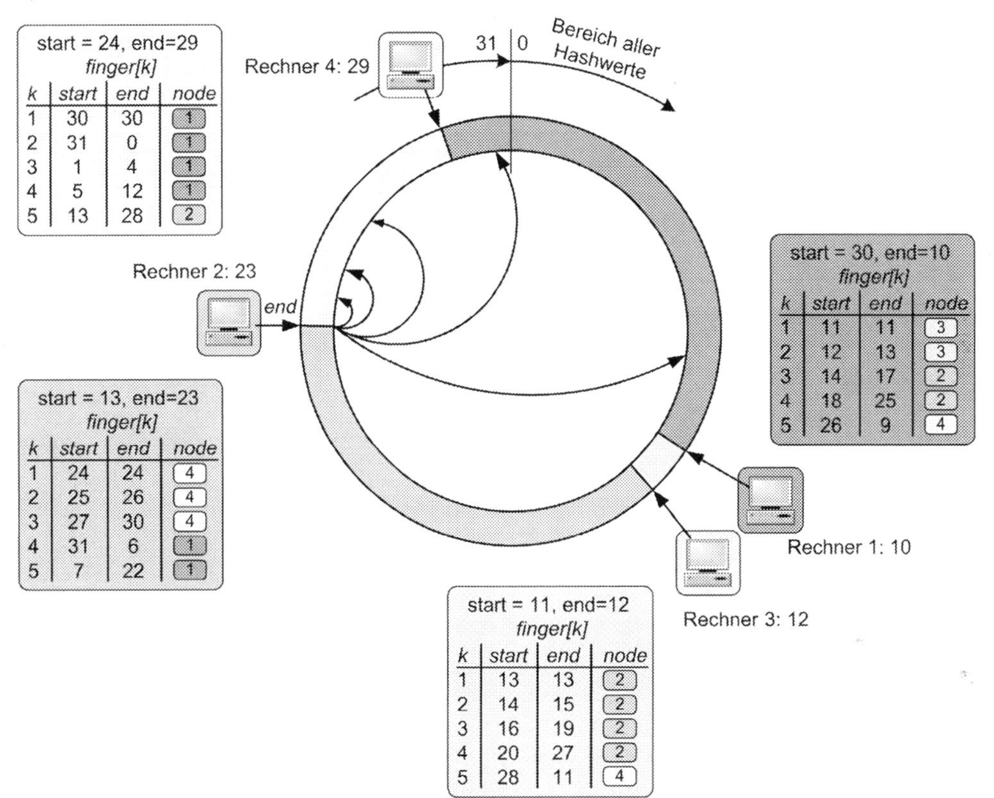

Abbildung 48: Finger-Tabellen im Chord-Netzwerk

b)

Tabelle 69: Weiterleitung einer Chord-Anfrage

Anfrage an	Finger-Eintrag	Weiterleitung an
selbst	k = 5: [7...22]	1
1	k = 1: [11..11]	3
3	Treffer!	

c)

Tabelle 70: Weiterleitung einer weiteren Chord-Anfrage

Anfrage an	Finger-Eintrag	Weiterleitung an
selbst	k = 5: [28...11]	4
4	k = 1: [30..30]	1
1	Treffer!	

Lösung zu Aufgabe 60

(Aufgabe auf Seite 61)

a)

- `QUJDRA==`
- `YWJjZGU=`

b)

- `Antwort`
- `Rechnernetze`

Lösung zu Aufgabe 61

(Aufgabe auf Seite 62)

a) Interne Darstellungen von Daten unterscheiden sich häufig (Big vs. Little Endian, Anzahl Bits in Integer-Nummern, verschiedene Stringterminierungen, verschiedene Zeichensätze); vernetzte Datenstrukturen müssen in einer linearen Reihenfolge versendet werden; Zeiger sind nur lokal von Bedeutung.

b) Strings sind auf jedem Rechner darstellbar und "verständlich". Zahldarstellung ist einfach und eindeutig möglich. Nachteile: Zeilenvorschub und nationale Sonderzeichen sind nicht eindeutig; Verpacken von Multimedia-Daten ist nicht einfach möglich.

c) Einteilung durch *Basistyp/Subtyp*. Beispiele für Basistypen: `application`, `audio`, `image`, `message`, `multipart`, `text`, `video`. Beispiele für MIME-Typen: `text/plain`, `image/gif`, `text/x-vCard`.

d) Der Server stellt die reagierende Verbindung zur Verfügung. Der Client initiiert die Verbindung und sendet eine Anfrage, auf die der Server antwortet. Die Folge von Fragen/Antworten wird fortgeführt, bis die Sitzung beendet wird. Im Falle von SMTP sind die Nachrichten textbasiert. Die Antworten bestehen aus einem Antwortcode (z.B. "`250`") und einem Text (z.B. "`OK`"). Eine Abfolge von Nachrichten beim Versenden einer Beispiel-Email sieht wie folgt aus:

Tabelle 71: Request-Response am Beispiel von SMTP

Client (Request)	Server (Response)
HELO ohm-hochschule.de	250 OK
MAIL FROM: <Joerg.Roth@ohm-hochschule.de>	250 OK
RCPT TO: <Joerg.Roth@wireless-earth.de>	250 OK
DATA	354 Start mail input; end with <CRLF>.<CRLF>
Date: 1 Mar 07 Reply-To: <Joerg.Roth@ohm-hochschule.de> From: <Joerg.Roth@ohm-hochschule.de> To: <Joerg.Roth@wireless-earth.de> Subject: Test-Email Dies ist ein Test .	 250 OK
QUIT	221 Bye

Lösung zu Aufgabe 62

(Aufgabe auf Seite 63)

a)

```
BEGIN:VCARD
VERSION:2.1
N:Mustermann;Fritz
ADR:;; Netzweg 1a;Nirwana;;99999;
ORG:NetComp
TEL;PREF;WORK;VOICE:0123/4567
TEL;HOME;VOICE:0123/890
TEL;FAX:0123/111
EMAIL;INTERNET:fritz.mustermann@netcomp.com
UID:1781808
END:VCARD
```

b)

```
BEGIN:VCALENDAR
VERSION:1.0
BEGIN:VEVENT
DTSTART:20100514T180000
DTEND:20100514T190000
RRULE:MP1 2+ FR #10
XDATE: 20100611
DESCRIPTION:Tennis
UID:12667795
END:VEVENT
END:VCALENDAR
```

Lösung zu Aufgabe 63

(Aufgabe auf Seite 65)

Tabelle 72: Übertragung eines serialisierten Objektes (Lösung)

Empfangene Bytes	Inhalt
AC ED	Magiccode für Object Stream
00 05	Versionskennung des Formats
73	TC_OBJECT
72	TC_CLASSDESC
00 06 41('A') 43('C') 6C('l') 61('a') 73('s') 73('s')	Klassenname "AClass"
8B 30 8E B8 FD 86 20 55	Handle
02	Flags: SC_SERIALIZABLE
00 01	Anzahl der Variablen im Objekt
49('I')	Basistyp int
00 05 61('a') 6E('n') 49('I') 6E('n') 74('t')	Variablenname "anInt"
78	TC_ENDBLOCKDATA
70	TC_NULL
00 00 00 16	integer 22

```
AClass.java
import java.io.Serializable;
class AClass implements Serializable {
    private int anInt;
    public AClass(int anInt) {
        this.anInt=anInt;
    }
}
```

Der Inhalt von `anInt` war dabei 22.

Lösung zu Aufgabe 64

(Aufgabe auf Seite 68)

a)

```
Movies.xml:
<?xml version="1.0" ?>
<movies>
        <movie>
                <title>Die dunkle Bedrohung</title>
                <year>1999</year>
                <actor>Liam Neeson</actor>
                <actor>Ewan McGregor</actor>
                <actor>Natalie Portman</actor>
                <sequel>Angriff der Klonkrieger</sequel>
        </movie>
        <movie>
                <title>Angriff der Klonkrieger</title>
                <year>2001</year>
                <actor>Ewan McGregor</actor>
                <actor>Natalie Portman</actor>
                <actor>Hayden Christensen</actor>
                <sequel>Die Rache der Sith</sequel>
        </movie>
```

```
    <movie>
        <title>Die Rache der Sith</title>
        <year>2005</year>
        <actor>Ewan McGregor</actor>
        <actor>Natalie Portman</actor>
        <actor>Hayden Christensen</actor>
    </movie>
</movies>
```

b)

Movies2.xml:

```
<?xml version="1.0" ?>
<movies>
    <actor ID="1000">Liam Neeson</actor>
    <actor ID="1001">Ewan McGregor</actor>
    <actor ID="1002">Natalie Portman</actor>
    <actor ID="1003">Hayden Christensen </actor>
    <movie ID="2000">
        <title>Die dunkle Bedrohung</title>
        <year>1999</year>
        <actor>1000</actor>
        <actor>1001</actor>
        <actor>1002</actor>
        <sequel>2001</sequel>
    </movie>
    <movie ID="2001">
        <title>Angriff der Klonkrieger</title>
        <year>2001</year>
        <actor>1001</actor>
        <actor>1002</actor>
        <actor>1003</actor>
        <sequel>2002</sequel>
```

```
        </movie>
        <movie ID="2002">
                <title>Die Rache der Sith</title>
                <year>2005</year>
                <actor>1001</actor>
                <actor>1002</actor>
                <actor>1003</actor>
        </movie>
</movies>
```

Lösung zu Aufgabe 65

(Aufgabe auf Seite 69)

Movies.xsd (Schema zu Movies.xml von Seite 135):

```
<?xml version="1.0" encoding="utf-8"?>
<xsd:schema xmlns:xsd="http://www.w3.org/2001/XMLSchema">
 <xsd:element name="movies">
   <xsd:complexType>
     <xsd:sequence>
       <xsd:element name="movie" type="movie-type" maxOccurs="unbounded" />
     </xsd:sequence>
   </xsd:complexType>
 </xsd:element>
 <xsd:complexType name="movie-type">
   <xsd:sequence>
     <xsd:element name="title" type="xsd:string" />
     <xsd:element name="year" type="xsd:decimal" />
     <xsd:element maxOccurs="unbounded" name="actor" type="xsd:string" />
     <xsd:element minOccurs="0" name="sequel" type="xsd:string" />
   </xsd:sequence>
 </xsd:complexType>
</xsd:schema>
```

Movies2.xsd (Schema zu Movies.xml von Seite 136):

```
<?xml version="1.0" encoding="utf-8"?>
<xsd:schema xmlns:xsd="http://www.w3.org/2001/XMLSchema">
 <xsd:element name="movies">
   <xsd:complexType>
     <xsd:sequence>
       <xsd:element name="actor" type="actor-type" maxOccurs="unbounded" />
       <xsd:element name="movie" type="movie-type" maxOccurs="unbounded" />
     </xsd:sequence>
   </xsd:complexType>
 </xsd:element>
 <xsd:complexType name="actor-type">
   <xsd:simpleContent>
     <xsd:extension base="xsd:string">
       <xsd:attribute name="ID" type="xsd:decimal" use="required" />
     </xsd:extension>
   </xsd:simpleContent>
 </xsd:complexType>
 <xsd:complexType name="movie-type">
   <xsd:sequence>
     <xsd:element name="title" type="xsd:string" />
     <xsd:element name="year" type="xsd:decimal" />
     <xsd:element maxOccurs="unbounded" name="actor" type="xsd:string" />
     <xsd:element minOccurs="0" name="sequel" type="xsd:string" />
   </xsd:sequence>
   <xsd:attribute name="ID" type="xsd:decimal" use="required" />
 </xsd:complexType>
</xsd:schema>
```

Lösung zu Aufgabe 66

(Aufgabe auf Seite 69)

Server.java:

```
import java.net.*;
import java.io.*;

class Server {
    public static void main(String args[]) {
        ServerSocket serverSocket;
        Socket socket;
        DataInputStream in;
        DataOutputStream out;
        int sendInt, recvInt1, recvInt2;
        try {
            serverSocket=new ServerSocket(6543);
            socket=serverSocket.accept();
            in=new DataInputStream(socket.getInputStream());
            out=new DataOutputStream(socket.getOutputStream());

            recvInt1=in.readInt();
            recvInt2=in.readInt();
            sendInt=recvInt1*recvInt2;
            out.writeInt(sendInt);
            out.flush();
            socket.close();
        }
        catch(Exception e) {
            System.out.println(e);
            System.exit(1);
        }
    }
}
```

Client.java

```
import java.net.*;
import java.io.*;

class Client {
    public static void main(String args[]) {
        Socket socket;
        DataInputStream in;
        DataOutputStream out;
        int sendInt1, sendInt2, recvInt;

        try {
            socket=new Socket(InetAddress.getByName("127.0.0.1"),6543);
            in=new DataInputStream(socket.getInputStream());
            out=new DataOutputStream(socket.getOutputStream());

            sendInt1=11;
            sendInt2=3;
            out.writeInt(sendInt1);
            out.writeInt(sendInt2);
            out.flush();
            recvInt=in.readInt();
            System.out.println("Sent     "+sendInt1+", "+sendInt2);
            System.out.println("Received "+recvInt);
            socket.close();
        }
        catch(Exception e) {
            System.out.println(e);
            System.exit(1);
        }
    }
}
```

Lösung zu Aufgabe 67

(Aufgabe auf Seite 69)

a)

```
POST /RPC2 HTTP/1.0
User-Agent: Frontier/5.1.2 (WinNT)
Host: betty.userland.com
Content-Type: text/xml
Content-length: 331

<?xml version="1.0"?>
<methodCall>
        <methodName>obj.doAction</methodName>
        <params>
                <param>
                        <value><i4>50</i4></value>
                        <value><string>hallo</string></value>
                        <value><array><data>
                                <value><i4>5</i4></value>
                                <value><i4>6</i4></value>
                                <value><i4>99</i4></value>
                        </data></array></value>
                </param>
        </params>
</methodCall>
```

b)

```
HTTP/1.1 200 OK
Connection: close
Content-Length: 126
Content-Type: text/xml
Date: Thu, 2 Mar 2006 19:55:08 GMT
Server: UserLand Frontier/5.1.2-WinNT
```

```
<?xml version="1.0"?>
<methodResponse>
        <params>
                <param>
                        <value><i4>123</i4>
                        </value>
                </param>
        </params>
</methodResponse>
```

Lösung zu Aufgabe 68

(Aufgabe auf Seite 69)

a)

- Dienste benötigen häufig weitere Dienste, die nicht direkt unter der Verantwortung des Dienstanbieters stehen.
- Um solche Dienste nutzen zu können, ist eine standardisierte und leicht erweiterbare Schnittstelle sinnvoll.
- Zusätzlich wichtig: die Entwicklung von verteilten Diensten mit verschiedenen Plattformen, Programmiersprachen und unter verschiedenen Betriebssystemen soll möglich sein.

b)

- SOAP/WSDL
- REST

c)

- Entwicklung der Komponente, die den Dienst erbringen soll.
- Generierung der WSDL-Datei aus dieser Komponente.
- Registrierung der WSDL-Datei und der Laufzeit-Komponente in einem Application Container.
- Auf Client-Seite: Laden der WSDL-Datei.
- Generierung der Service Stubs.
- Entwickeln der Client-Anwendung.
- Übersetzen von Client-Anwendung und Service Stubs zu einer Laufzeitkomponente.

d)

- Es werden nicht mehr beliebige Operationen für Dienste angeboten, sondern nur solche, die *Ressourcen* betreffen.
- Die Operationen werden aus dem Satz der HTTP-Kommandos genommen.

Lösung zu Aufgabe 69

(Aufgabe auf Seite 70)

`Server.idl:`

```
module MultApp {
   interface Mult {
        long mult(in long a,in long b);
   };
};
```

`MultServer.java:`

```
import MultApp.*;
import org.omg.CosNaming.*;
import org.omg.CORBA.*;
import org.omg.PortableServer.*;

public class MultServer {
  public static void main(String args[]) {
    ORB orb;
      MultImpl multImpl;
      try {
        orb = ORB.init(args, null);
        POA rootpoa =
           POAHelper.narrow(orb.resolve_initial_references("RootPOA"));
        rootpoa.the_POAManager().activate();
        multImpl=new MultImpl();
        org.omg.CORBA.Object ref = rootpoa.servant_to_reference(multImpl);
        Mult href = MultHelper.narrow(ref);
        org.omg.CORBA.Object objRef=
        orb.resolve_initial_references("NameService");
```

```
        NamingContextExt ncRef = NamingContextExtHelper.narrow(objRef);
        NameComponent path[] = ncRef.to_name("doMult");
        ncRef.rebind(path, href);
        orb.run();
      }
      catch (Exception e) {System.err.println(e);}
  }
}
```

MultImpl.java:

```
import MultApp.*;

class MultImpl extends MultPOA {
    public int mult(int a, int b) {
        return a*b;
    }
}
```

MultClient.java:

```
import MultApp.*;
import org.omg.CosNaming.*;
import org.omg.CosNaming.NamingContextPackage.*;
import org.omg.CORBA.*;

public class MultClient {
  public static void main(String args[]) {
    ORB orb;
    Mult multImpl;

    try {
      orb = ORB.init(args, null);

      org.omg.CORBA.Object objRef=
         orb.resolve_initial_references("NameService");
```

```
         NamingContextExt ncRef=NamingContextExtHelper.narrow(objRef);
         multImpl=MultHelper.narrow(ncRef.resolve_str("doMult"));
         System.out.println(multImpl.mult(11,3));
      }
      catch (Exception e) {System.out.println(e);}
   }
}
```

Lösung zu Aufgabe 70

(Aufgabe auf Seite 70)

Server.java

```
package endpoint;
import javax.jws.WebService;

@WebService
public class Mult {
    public int mult(int a, int b) {
        return a*b;
    }
}
```

Client.java

```
package client;
import javax.xml.ws.WebServiceRef;
import endpoint.MultService;
import endpoint.Mult;

public class Client {
    @WebServiceRef(wsdlLocation="http://localhost:8080/Mult/MultService?WSDL")
    static MultService service;

    public static void main(String[] args) {
```

```
        Client client = new Client();
        try {
            Mult port = service.getMultPort();
            int result = port.mult(17,21);
            System.out.println("Result=" + result);
        }
        catch(Exception e) { System.out.println(e);}
    }
}
```

Lösung zu Aufgabe 71

(Aufgabe auf Seite 70)

Tabelle 73: Zuordnung der HTTP-Kommandos zu Funktionen

HTTP-Kommando	Ressource	Bedeutung
GET	/warenkorb/1000	Abfragen des Warenkorbs Nummer 1000
GET	/artikel/2000	Abfragen des Artikels Nummer 2000
PUT	/warenkorb/1000/2000 auch möglich: /warenkorb/1000 mit 2000 im Body	Legen des Artikels 2000 in Warenkorb 1000
DELETE	/warenkorb/1000/2000	Löschen des Artikels 2000 aus Warenkorb 1000
POST	/warenkorb/1000	"Zur Kasse gehen"
PUT	/artikel/2000 mit einem Rezensionstext im Body	Hinzufügen einer Rezension

Index